生活中超实用的60个心理学实验

人类行为背后的心理动机

许文娟◎编著

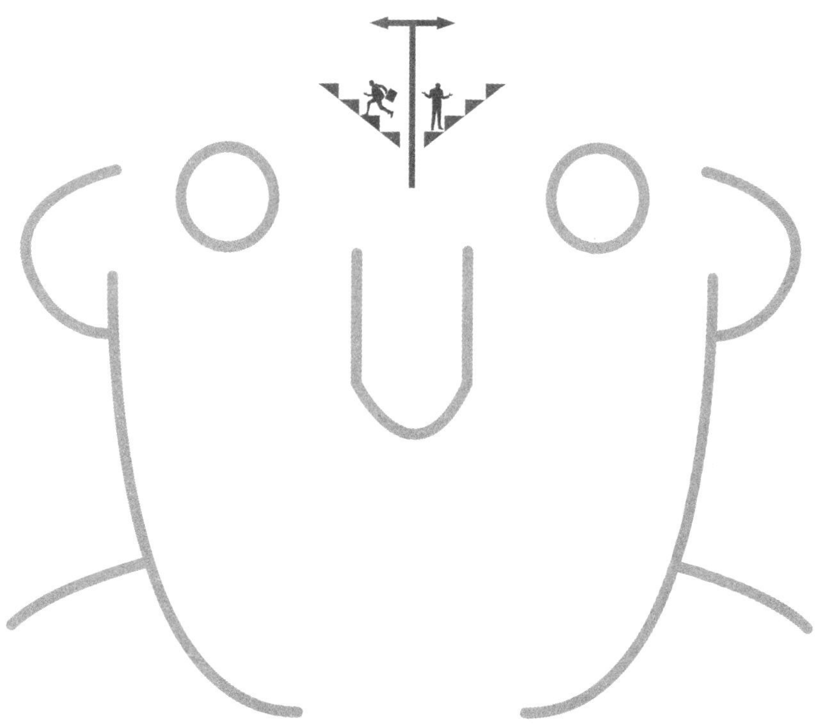

中国华侨出版社
·北 京·

图书在版编目（CIP）数据

生活中超实用的60个心理学实验 / 许文娟编著. –北京：中国华侨出版社，2021. 10
ISBN 978-7-5113-8568-0

Ⅰ. ①生… Ⅱ. ①许… Ⅲ. ①实验心理学 Ⅳ. ①B841. 4

中国版本图书馆 CIP 数据核字（2021）第 133683 号

● **生活中超实用的60个心理学实验**

编　　者 / 许文娟
责任编辑 / 姜　婷
责任校对 / 孙　丽
封面设计 / 天下书装
经　　销 / 新华书店
开　　本 / 710 毫米×1000 毫米　1/16　印张 /15. 5　字数 /201 千字
印　　刷 / 香河县宏润印刷有限公司
版　　次 / 2021 年 10 月第 1 版　2021 年 10 月第 1 次印刷
书　　号 / ISBN 978-7-5113-8568-0
定　　价 / 49. 80 元

中国华侨出版社　北京市朝阳区西坝河东里 77 号楼底商 5 号　邮编：100028
法律顾问：陈鹰律师事务所　　编辑部：（010）64443056　　64443979
发行部：（010）64443051　　传　真：（010）64439708
网　址：www. oveaschin. com　　E - mail：oveaschin@ sina. com

前言

美国著名作家、商界知名人士查尔斯·哈奈说："我们生活在一个可塑的、深不可测的精神物质海洋之中。"在这个精神物质的海洋中，我们每个人都能够感受到一种神奇而强大的力量，它支配着我们的行动，时而让我们充满力量，时而又让我们沮丧不已，时而带给我们幸福和快乐，时而让我们倍感痛苦与烦恼……这便是操控人类的神奇力量——心理。

对多数人而言，心理可能是一种看不见、摸不着的学科，离自己的生活极为遥远。但实际上，心理和心理现象是每个人每时每刻都在体验着的，是人类生活和生存所必需的，一个人只有真正地洞悉自己的内心，才能知道很多时候束缚我们的并不是外界，而是自己内心复杂的世界，才能知晓自己的日常行为是被何种隐性的力量所钳制。同时，我们也只有了解了他人的内心，才能根据对方内在的想法调整自己的行为方式，把事情做得恰到好处。但是，心理学实验是心理学的基础，作为一名普通读者，要了解心理学，首先就要了解心理学实验。心理学实验是心理学家们投入无数智慧与心血精心设计的，正是它们推动了心理学的发展和文明的进步，加深了我们对自身和人类社会的了解。只有科学地掌握了它们，才能让我们更牢固、更深层次地理解和掌握心理学知识。

可以说，心理学实验是心理学的“地基”，我们只有把“地基”打牢固了，才能建立起更为牢固的心理学知识大厦。

当然，有些人可能会觉得心理学实验是极为枯燥乏味、晦涩难懂的，实际上，它们反而是匠心独运、妙趣横生的。只要你深入其中，就能发现这些实验者在颠覆你的认知体验的同时，还会给你带来额外的惊喜与趣味。本书选取了心理学史上极为经典的心理学实验，带你走入一个个引人入胜的心理世界，与这些实验者一起探究心理学的奥秘，让你在惊喜中大呼过瘾的同时，对心理学知识有更深刻的理解与感悟。

另外，本书还有很多匪夷所思的问题等着你去探索：

我们能掌控和预知自己的未来吗？我们的记忆是可靠的吗？

怎样的原生家庭会导致我们安全感的缺失？我们的性情为何如此古怪？

个人行为、教育学习、人际交往、思维塑造、职场沟通等，总有你用得上的心理学知识。

愿本书带给你美好的阅读体验！

目录

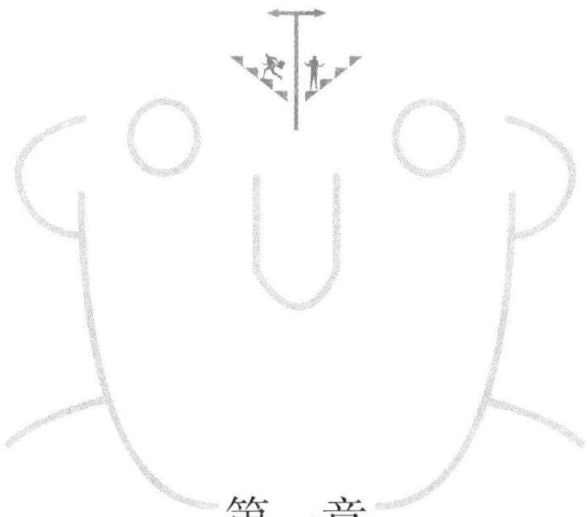

第一章

行为心理学实验：了解行为背后的心理动机

行为，是受思想支配而表现出来的活动，它包括有声语言和身体语言两个方面，其中身体语言是指人们在日常生活中，通过身体某些部位的表情、姿态、动作、生理反应以及衣饰等透露出来的心理信息。它同有声语言一样，甚至要比有声语言更能反映人的真实内心。本章从人类行为的各个方面入手，列举了影响个体行为的一些经典心理学实验，比如巴甫洛夫的狗实验、锚定实验、拖延实验等，挖掘出隐藏在人们各种行为背后的真实心理，并结合大量生动、具体的实验延伸文字，进行深入透彻、系统全面地剖析，并由表及里，由内而外，步步推进，通过揭秘这些行为来帮助人们掌握判断他人真实内心的有效方法。

巴甫洛夫的狗实验：人类的行为与狗没什么不同

实验结果： 也许人类的行为与狗没什么不同（经典性条件作用）

实验过程： 将声音刺激与喂食结合呈现给狗，狗便会获得对声音的唾液分泌反应

1927年，身为生理学家巴甫洛夫为了计量狗在实验期间分泌唾液的量，他为每一只实验的狗做了一个小手术，即改变了一条唾腺导管的路线，唾液通常是通过一条唾腺经过导管流入狗的口腔的，巴甫洛夫改变了这条导管的线路，使它通到体外。这样，就可以接取和计量由导管滴出的唾液。等这些狗的手术口愈合后，巴甫洛夫便开始了他的实验，他给这些狗吃了一种用肉做的粉末。

此时，巴甫洛夫已经预料到狗会对放在它面前的肉粉流口水。但他未曾想到的是接下来他们注意到的现象：当狗听到他的助手拿着肉粉上楼去实验室时，它们都流了口水。幸好巴甫洛夫密切地关注着他的实验室里发生的事情，并注意到了这一点。由此，他决定去观察其他行为是否能使狗分泌唾液。

接下来，他再次把狗放到桌子上面为它套上了挽具。然后，他开始打节拍。我们也许会以为巴甫洛夫会利用铃铛，但是他一开始并没有想要用铃铛。他想要用一种狗从未听过的声音——“中性刺激”，所以他用了节拍器。巴甫洛夫将时间节拍器上足发条，当钟摆慢慢地从右到左摆动时，节拍器便会发出一种“咔嗒咔嗒”的声响。

起初，狗好奇地看着节拍器，然后就将目光移开了。然后就在给狗狗们一盘肉粉之前，巴甫洛夫启动了节拍器。他按照这个程序重复了好

几次。接下来，他在未提供肉粉的情况下，打开了节拍器进行观察。果然，狗的唾液开始往管子里滴。这些狗产生了一种联想，它们学到了一些东西，并以一种可预测的、从科学的角度可以观察的方式去行动。他的这一发现就是经典的条件反射，又叫“巴甫洛夫条件反射”的典型表现，这一发现使许多人感到兴奋，当然这是可以理解的。

巴甫洛夫从这个实验中得出结论，即提供给狗的食物是一种“非条件性刺激”，因为它所引发的是不需要学习的，或者说“非条件性”的反应——在这里，即为分泌唾液。但是，节拍器只有在狗学会了与食物联想到一起之后才能成为引发唾液分泌的刺激。因此，巴甫洛夫称之为“条件性刺激”。对节拍器产生分泌唾液的反应也是习得的，所以是一种“条件性反应”。

在之后的实验中，巴甫洛夫又发现，如此条件刺激多次出现之后都取消食物的供给，条件性反应就可以被抑制，或者说“被忘掉”。他还证明了条件性反应既可以是生理上的，也可以是心理上的。当各种刺激随着疼痛或者某种形式的危险出现时，就会引发恐惧或者焦虑的条件性反应。

巴甫洛夫的这个实验，使心理学向真正的科学迈进了一大步。同时，他的这个实验也产生了极为重大的影响，尤其是对美国的行为主义心理学家产生的影响是巨大的，比如约翰·华生等。

实验延伸：条件反射，是一种高级神经活动

条件反射在生活中有着极为广泛的应用，比如你刚参加完军训，有人如果喊你的名字，你立即就会喊“到”，这就属于条件反射；再如，你长时间地熟读一篇文章，久而久之，便能顺着上句将下句背诵出来……条件反射是人出生后在生活过程中，逐渐地形成的后天性反射，是在非条件反射的基础上经过一定的过程，在大脑皮层的参与下完成的，是一种高级的神经活动。

全世界牧场主遇到过一个困扰多年的问题，那就是本地的狼群等食

肉动物经常会袭击他们的家畜。20 世纪 70 年代初，人们便在保护当地生态、不杀死狼等食肉动物的情况下，将这个条件反射的实验运用到牧场中，有效地解决了农场主们的难题。方法是这样的：农场主们首先会故意向狼和其他食肉动物提供含有少量氯化锂的羊肉，而这些食肉动物吃了这种含有化学物质的羊肉后身体会感到不适，会感到头晕、恶心，并开始呕吐。待这些食肉动物痊愈后，就会把这些饥饿的食肉动物与活羊放入同一围栏中。这些食肉动物起初会攻击羊群，但它们一闻到此猎物身上的气味便会停止攻击，并尽可能地远离这些羊群。当围栏的门被打开时，这些食肉动物竟然全部逃了出去。此后，只要牧场主将羊身上洒上些氯化锂后，便可以驱赶那些捕食羊群的食肉动物了，这便是条件反射的运用。

巴甫洛夫的条件反射实验，在广告学中也有着极为广泛的运用。顾客喜欢物美价廉的物品，这是一种无条件反射。而商家则会将品牌或商标当成一种条件性的刺激，反复地对消费者在视觉、听觉上进行灌输，久而久之，让消费者形成一种思维习惯，面对同类的商品，便会优先选择早已耳熟的产品。

锚定实验：控制你做出决断的隐藏力量

实验结果：可预见的非理性决策，即人们所做出的决策，往往取决于内心的那个被植入的“锚”

实验过程：P4：实验过程：人们在对某事做出判断时，易受第一印象或第一信息的支配

1973 年，卡纳曼与特沃斯基指出，人们在进行判断时常常过分看

重那些显著的、难忘的证据，甚至从中产生歪曲的认识。比如，你每次到商店或网上购物时，都有过类似的体验：你看中了一条 T 恤衫，售价 300 元，你觉得有点贵，舍不得下单。但是，你又查询了与这件 T 恤衫差不多同等档次的其他品牌的，售价为 400 元。你可能会想，还是刚才那件 300 元的性价比高一些，于是你便果断下单。这里的关键问题是：你认为昂贵或便宜的标准并不是由你的大脑来断定的，而是通过对同类产品的比较后，内心产生了一个价格上的“锚”，很多时候，商品昂贵或者便宜的标准，往往取决于你刚刚听说或见到的产品的价格。还有一个例子，就是当你购买汽车时，销售人员会问你打算花多少钱。假设你想找一辆价格不超过 20 万元的车，销售人员会先给你展示比这个价格贵很多的车，可能是价值 40 万元。此时，销售人员是试图在你的心理上设置一个所谓的“高锚”。锚是一个标杆价位，当你接下来看每一辆汽车的时候，就会自然而然地与这个价格作对比。下一步，销售人员就会向你展示那些比第一款便宜一点的，但仍然会超出你的预算的车。如果销售人员成功地运用了这一技巧，你最终会认为一辆 25 万元的车是值得购买的。实际上，在商场中，我们做出的许多举动，都是被锚定效应影响了。

1974 年，卡纳曼与特沃斯基通过实验来进一步证明锚定效应。实验要求实验者对非洲国家在联合国占席位的百分比进行预估。因为分母为 100，所以实际上要求实验者对分子的数值进行预估。首先，实验者被要求旋转摆放在其前面的罗盘随机地选择一个在 0 到 100 之间的数字；紧接着，实验者被暗示他所选择的数字比实际值是大还是小；然后，要求实验者对随机选择的数字向下或向上调整来估计分子值。通过这个实验，卡纳曼和特沃斯基发现，当不同的小组随机确定的数字不同时，这些随机确定的数字对后面的估计会有显著的影响。比如，两个分别随机选定 10 和 65 作为开始点的小组，他们对分子值的平均估计分别为 25 和 45。由此可见，尽管实验者对随机确定的数字有所调整，但他们还是将分子值的估计锚定在这一数字的一定范围内。

实际上，诸多金融与经济现象都受锚定效应的影响。比如在金融市场上，当下股票价格的确定会受过去价格的影响，呈现锚定效应。证券市场上股票的价值是不明确的，人们很难知道它们的真实价值。有没有更多的信息时，过去的价格可能就是现在价格的决定因素，通过锚定过去的价格来确定当前的价格。锚定效应同时发生在商品定位价的其他经济现象中，它类似于宏观经济学中的“粘性价格”，只要把过去的价格作为新价格的一种参考，那么新的价格便会趋近于过去的价格。商品的价值越模糊，参考便可能越重要，锚定就可能是更重要的价格决定因素。

锚定效应告诉我们，事先在别人心中种下一个“锚”，然后再用它去影响别人的行为是一件极容易的事情。

实验延伸：想用“锚定效应”影响他人，关键在于如何设定你的“锚”

“锚定效应”的形成是有条件的，一般而言，“锚”只要受到人们的关注，那么无论其数据是否夸张、前例是否具有参考效用，或者对决策者是否有提醒或奖励，该锚定效应便会起作用。当然，参照物与估测答案的相关性、相似性越大，锚定效应的作用也越显著。当然，要想使“锚定效应”对他人产生影响，还需要注意以下几个问题：

1. 你所选择的“参照物”要引起决策者的足够注意。大多数的锚定实验可分为两部分，先比较后估计。这样做是为了保证受试者能够注意到那个“锚”或者也可以说是参照物。事实上，这个第一步的比较在绝大多数时候并不是必需的，对于受试者而言，只要确保那个参照物能够引起其足够的重视，那么，锚定效应便成功了一半。

2. 参照物与目标物之间要有极强的相似度。比如，参照物与目标物之间用相同的单位衡量时，锚定效应才能产生。再如，在投资决策中，到期收益率是以百分比计算的，而现金红利是一定数量的“元”，若参照物用百分比计算，而目标物用“元”计算，那么这个“锚定效应”就难以产生。

3. 最好不要用极端的参照物。研究发现，即便是很极端的参照物，人们仍然会产生一定的锚定效应。但是，参照物越极端，产生的锚定效应也就越小。

总之，锚定效应在绝大多数情况下是潜意识里自然生成的，是人类的一种天性，正是由于这种天性的存在，才导致人们在实际决策过程中容易形成偏差，从而影响最终的结果。

斯坦福监狱实验：一个人的行为是由其扮演的社会角色决定的

实验结果：环境可以逐渐改变一个人的性格，而情境可以立刻改变一个人的行为。一个温文尔雅的绅士，在某些情境下会变成嗜血的狂魔。

实验过程：环境可改变一个人的性格，情境也可立刻改变一个人的行为

最好的心理学实验总是关于人性的探究，比如，人内心的邪恶在怎样的境况下会被激发出来？一个好人也会犯下恶行吗？如果可以，是什么让人们越过法律的界限？有没有一个临界点，当它被跨过去之后就会释放出邪恶？又或者是人们所处的怎样的环境决定了他们的行为？带着这样的问题，斯坦福大学心理学教授菲利普·津巴多和同事们在 1971

年夏天开始了心理学实验，这个实验的地点就在斯坦福大学的地下室里，菲利普带领同事们在这里搭建了一个模拟监狱，并且还征集了 24 名心智正常、身体健康的志愿者，每人每天可以得到 15 美元的报酬，但是必须完成 14 天的实验。

这些志愿者被随机分成两个部分，其中 12 个人充当狱警，并且他们拥有一切真实狱警所拥有的权力。另外 12 个人充当囚犯，实验开始时，两个部分的志愿者分别只有 9 人参与，其他 3 人做后备。实验模拟真实的监狱环境，囚犯分别被“警车”押送到监狱，然后被搜身，扒光衣服，清洗消毒，穿连衣裙一般的罩衫式囚服，而且右脚戴脚镣。有些装备与真实监狱中的情况不同，是为了让志愿者能够迅速地进入囚犯的角色。这个过程与真实的监狱类似，囚犯志愿者被关在监狱后便不能够自由地行动，3 个人住一个小隔间，只能在走廊里面放风，每个人没有名字只有一个编号。至于充当看守的 9 名志愿者，每 3 人为一组，共三组，每组轮流工作 8 个小时。这里需要注意的是，充当看守的志愿者，事先没有进行过任何的培训，只是被告知可以做任何关于维持监狱秩序和法律的事情。

在实验正式开始的第一天晚上，第一组值班的 3 名看守就在半夜吹起床哨，让囚犯起床排队，以验证自己在监狱中的权威是否已经在囚犯者心中树立起来。对那些不听命令的囚犯，看守们会惩罚他们做俯卧撑，有时候为了增加惩罚力度，看守们还会骑在囚犯身上。看守们的这些做法，让囚犯们极为气愤。

第二天一大早，囚犯们便开始强烈地抗议，他们将监狱的小隔断打通，并且还用床堵住监狱门不让看守进来。看到这种情境，那些值班的看守看到后极为气愤，认为前一轮值班的看守对囚犯太过仁慈导致的，觉得他们的权威在监狱里没有被树立起来。于是，他们用灭火器使劲地喷射囚犯，并且还扒掉囚犯的衣服，将那些带头捣乱的囚犯揪出来，通过关禁闭或其他恐吓方式树立自己的权威。但是，这几名囚犯并不服，仍旧闹事抗议。这让看守们很是头疼，同时，看守们也意识到，3 个人根本无法管理好 9 名囚犯。于是，他们便找到了反抗活动中 3 个罪过最轻微的人，单独将他们叫到一个隔间里，给他们比其他囚犯更好的待遇，他们甚至可以穿正常的衣服，每天可以刷牙，并给他们安排更好的饭菜。半天后，再将这 3 名受优待的囚犯放回到另一个监狱里，再将总带头捣乱的 3 名囚犯带到受优待的隔间里。于是，其他 3 名囚犯便觉得那 3 个人是因为告密才获得了优待权，不信任感便开始在囚犯中传播和酝酿。其间，有一位囚犯因为精神濒临崩溃，使得教授不得不将他提前“释放”出来。后来，看守们在无意间听到囚犯们在私下里谈论越狱的话题，并且看守们还打听到他们还制订出了极为周密的计划：之前被释放的那个囚犯会带领一群人来解救他们。这个时候也就意味着，囚犯们已经将实验当成了现实。于是，教授便与看守们共同制订了一个应对计划，即先将囚犯的头用布袋套起来，转移到其他地方，然后由一个人守在腾空的监狱来等待“解救者”。这个时候，教授告诉所有的囚犯和看守者，说这个实验已经结束，然后又将囚犯转移回来。

而这之后，更为残酷的事情发生了，那些看守们似乎还没有从扮演的角色中走出来，他们对待囚犯更为残酷，经常不让他们睡觉，驱使他们做各种卑贱的工作，并且还想出各种方法来惩罚他们。有时候甚至还不让囚犯上厕所，他们只能使用小屋里的水桶解决大小便问题，而且还不让他们清洗，让牢房里充斥着恶臭味。这其中，还有一名 819 号囚犯被折磨得生了重病，他见到教授时曾经痛哭流涕，说自己实在坚持不下去了。教授无奈只好打算放他走，并让他先在旁边休息，并自己前去牢房帮他收拾其私人物品。这时，看守将所有的囚犯都叫到走廊排队开始喊口号：“819 是个坏囚犯，因为他弄乱了我的牢房。”这个声音被那个要离开的 819 号囚犯听到了，教授看到他时，他正在低头抽泣。这时候教授让他离开，却被他拒绝了，他对教授说，他不能走，因为要向别人证明他不是一个坏囚犯。教授告诉他，你不是819，你的名字是×××。这时志愿者才恍然大悟，才真正地意识到自己是在配合教授完成一项实验，而非是真正的囚犯，于是，他便离开了这个让他痛苦的模拟监狱。

接下来，教授又组织囚犯召开了一次听证会，明确地告诉他们，如果有机会他们可以要求保释，但之前的报酬都拿不到。这时，几乎所有的囚犯都同意保释。教授在询问完后说要考虑一下这个提案，并且让他们重回模拟监狱的牢房，这时候的他们竟然没有一个人提出抗议。这时，只要他们中有人提出来中断实验，其实会获得与保释相同的结果，但所有人已经将实验当成了真实事件，毫无反抗之力了。

到了第五天，志愿者的家长请来了一位律师。这是因为前几天曾有位牧师来模拟监狱与囚犯聊天，模拟真实监狱中的牧师工作，而囚犯们竟然提出要求牧师找律师来解救他们。但是律师来到现场以后，表示无能为力，因为这只是个实验，家长们的解救行动以失败而告终。但最终实验还是在第六天被终止，原因有两个。一是实验组织者已经完全进入了角色，他们在夜间无人的情况下往往会对囚犯施予更为残暴的行为，会使用各种龌龊的手段折磨囚犯，因为他们觉得在夜间施暴不会引起人们的关注。二是一位前来模拟监狱参观的博士，看到犯人被戴着脚镣连在一起，脑袋上套着袋子看不到东西，还被看守吆喝着在厕所里跑来跑去。她感到非常震惊，强烈抗议实验不能这么虐待志愿者。教授这时也才清醒过来，随后终止了实验。也许很多人都会对心理学教授的迟钝反应感到困惑，但是在那名抗议的博士之前已经有很多人参观过实验监狱，没有任何一个人提出过异议。

在这个实验过程中，所有人都深深地卷入了自己所扮演的角色中无法自拔，无论是虐待者还是受虐者，甚至于主持实验的教授也被卷入其中，成了维持那个监狱秩序的法官形象。

通过这个著名的心理学实验，菲利普·津巴多认为，相对于一个人的内在性情和天性，周围的环境、事件发生的情境会更强有力地影响他的行为。他甚至主张，尽管我们拥有某些特定的遗传或内在的行为倾向，但强大的环境会战胜这种内在倾向，并导致我们做出一些反常行为。实验中的狱警在监狱外，也许是个十足的好人，他们也许根本不会对人施暴，但是，在实验中他们一旦进入狱监的角色后，便开始对囚犯们施暴，而且残忍程度超过了人们的想象。而那些囚犯在现实生活中，可能是个有反抗精神的人，可是在监狱中，他们的反抗一次次地遭到狱警的残酷镇压，并且被人不断地暗示与告知：你就是个囚犯时，他们便不再反抗，开始认命。由此可见，暗示的力量也是巨大的。这也告诉我们，在现实生活中，一个人的行为，是由于他所处的环境以及所扮演的角色塑造的，尤其是社会角色。

实验延伸：人性中的善与恶，多数时候都是被外界的环境或由其扮演的角色激发出来的

人性中的善能够激发人的善意，而人性中的恶则能激发人的恶意。在模拟监狱中的狱警与囚犯，在生活中也许都是良善之人，但是狱警的身份让他们拥有了管制囚犯的权力，于是，在管制过程中，为了树立自身的权威，便对囚犯进行折磨，他们的“恶”主要是由他们所处的环境与扮演的社会角色决定的。同时，囚犯们感受到的恶意也是越来越多，他们刚开始通过反抗来抵御狱警的恶意，但在他们尝遍狱警们接二连三袭来的惩罚后，便失去了反抗的斗志。

通过狱警与囚犯的行为，也给予我们这样的启示：当我们身处对应角色的时候，也会相应地表现出与该角色相符合的行为。比如，当一个普通员工升职为经理的时候，也会在一定程度上表现出对应的责任和能力，又或者当一个不成熟的人一旦成为父亲的时候，也会开始变得更加

成熟和有担当……很多时候，一个人会有怎样的行为往往是由其承担的社会角色与环境塑造的。斯坦福实验中的角色，只不过表现出的行为太过偏激而已，狱警与囚犯，生活中也许我们并没有机会接触这样的人，也并不了解他们的处境，所以当实验的结果偏离我们的正常预期时，给人带来的震惊也格外地大。

阿希从众试验：人的聪明才智是如何被抹杀的

实验结果：个人的聪明才智很容易被大众的错误看法或行为给抹杀。

实验过程：促使人“误入歧途”的大众力量

群体对个人有着怎样的影响，或者说，个体在群体中有着怎样的存在，是许多心理学家关注的问题之一。1956 年，美国社会心理学家所罗门·家阿希做了这样一个心理学实验，旨在研究群体对个体在知觉、判断、认知上的影响。该实验以大学生为被试对象，他邀请了史瓦兹摩尔学院的 50 名男性学生参加一个“视觉测试”，其中，他将实验者分成 8 人一组，一共进行了 18 组实验。这个测试过程极为简单，阿希将两张纸摆放在参与者面前，一张纸上是一条竖线 X，而另外一张纸上是带有 A、B、C 编号的三条平行竖线，参与者只需要从 A、B、C 中选出一条与另一张纸上 X 竖线一样长的线，并逐一报出答案即可（如下图所示）。但参与者们不知道的是，与他们共同参与实验的另外 7 个人是阿希事先安排好的，是他的同盟，而真正的参与者在每一组实验中都被巧妙地安排到了最后的座位，为的就是让他们最后回答问题。

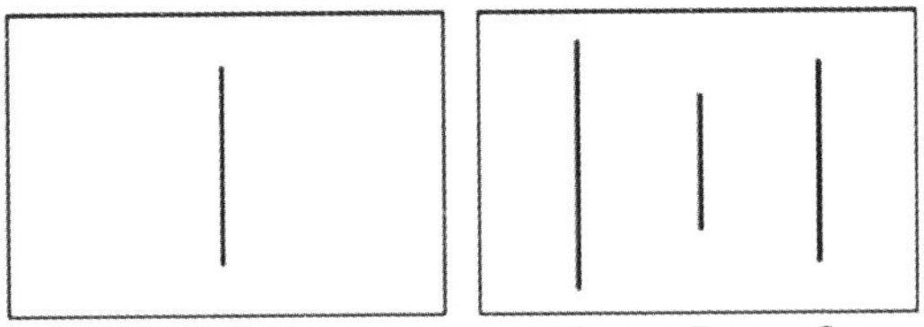

在 18 组实验中，阿希安排其中 12 组工作人员统一报出相同的错误答案，而剩下的 6 组工作人员则没有给予参与者们压力，让他们按照自己的想法回答。阿希最后发现，在那 12 组中，由于前面的七个人都毫无例外地报出了同一个错误答案，即便面对显而易见的正确答案，参与者也倾向于报出与那 7 个人相同的答案。他的实验结果表明，在那 12 组中，有 75%的参与者都至少一次地出现了从众现象，而只有 25%的人从未有过从众行为。而在另外的 6 组中，只有少于 1%的参与者给出了错误答案。

在这个实验过后，阿希采访了他的参与者们，询问他们从众的理由。尽管有些参与者表示自己是真的相信了那个错误的答案，很多参与者还是表示自己其实知道那是错误答案，但是因为害怕被其他参与者觉得自己很怪、不合群而遵从了大众给出的答案。由此可知，很多人从众是因为害怕别人向自己投来“犀利的眼光”，是为了融入所在的环境，选择了相信大众的决定，从而掩饰了自己内心深处真正觉得正确的观点。

阿希的这个实验向我们透视了一个社会心理学问题：多数人会选择大众所做出的错误决定，并且因为这个决定而改变自己的态度和行为。这也意味着，我们个体的聪明才智，很多时候都是被大众的错误看法给抹杀掉的，因为我们每个人都想融入集体，都不想被人称为“异类”。

实验延伸：那些控制我们个人行为的无形力量

阿希的从众心理学实验告诉我们：多数时候，很多人并不完全是

“自我”的主人，而是被外界一些力量在无形中“操控”着的。就像羊群效应一样，在动物界中，羊群不是一个纪律严明的组织，平时很是散乱，总是乱哄哄地左冲右撞，但是只要有一只羊奔走起来，羊群就会盲目地一哄而上，根本不考虑前方会不会遇到天敌狼，即便附近有更好的草场它们也不肯停下脚步。这种盲目从众的心理就是“羊群效应”。

羊群效应在日常生活中是普遍存在的，比如大街上突然有一个人抬头看天，人们不知道他看到了什么，但也纷纷地仰头观看，随后会有更多的人加入这个行列，以至于后加入的人误以为大家看到了 UFO 或者是什么百年难遇的奇景，而事实上第一个看天的人可能只是在欣赏蔚蓝的天色或是用目光追逐几抹流云而已。

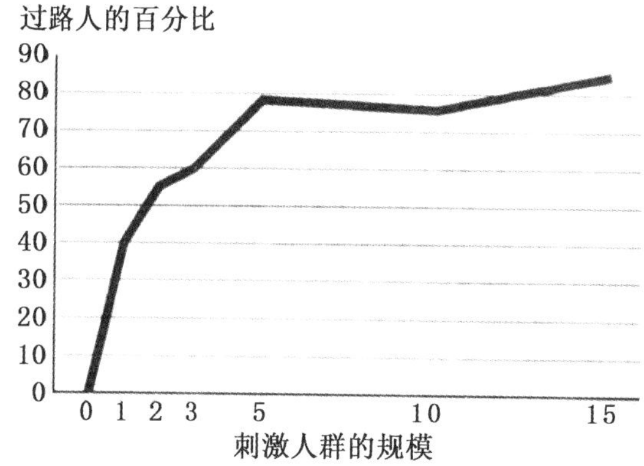

从众心理反应的其实是一种个人盲从大众、随大流的状态，尤其是人们对于不了解、没把握的事情，不喜欢自己单独做决定，而会倾向于选择追随大众的脚步，以为这样做可以提高自己的安全系数，而事实上这种盲从行为往往会把人带入“误区”或“歧途”。比如，一个对文学有着浓厚兴趣的高中生，看到周围的同学都报考了计算机，因为计算机会有良好的就业前景，因而也改考了计算机专业，到学校后却发现自己根本不适合学计算机，于是硬生生地毁了自己的前途；还有一些毕业生在就业时，看到周围的同学都在销售行业就业，而且还赚到了可观的佣

金，于是就不考虑自身的实际条件，纷纷入行，最终无功而返……

一位石油大亨到天堂去参加会议，一进会议室发现已经座无虚席，没有地方落座，于是他灵机一动，喊了一声："地狱里发现石油了！"这一喊不要紧，天堂里的石油大亨们纷纷向地狱跑去，很快，天堂里就只剩下那位后来的了。这时，这位大亨心想，大家都跑了过去，莫非地狱里真的发现石油了？于是，他也急匆匆地向地狱跑去。

这虽是一则笑话，但真实地揭示了现实生活中存在的一种现象：从众心理很容易使人的思维变得盲目，盲目则往往又会使人陷入骗局或者遭到失败。

其实，这种"随大流"的现象，在每个人身上都发生过。在现实生活中，很多时候，甚至可以说是大多数时候，人们怎么说、怎么做往往会参照大多数人怎么说、怎么做。比如顺应风俗、追赶时髦、追赶潮流等。人人都有众从心理，这其实是有深层的心理原因的。

在《乌合之众》中，勒庞提出了"群体是盲从的"观点。即指在群体中，个人的才智与个性被削弱，群体往往会表现出冲动、急躁、缺乏长远打算、情绪夸张与单纯、轻信、易受暗示，许多人就是在这样的情况下误入人生的"歧途"的。

不可否认的是，在现实生活中，很多人处理事情首先使用的就是从众思维模式。因为这种思维能够给人带来安全感，而至于使自己太过孤独。而且，很多时候按照大家公认的态度和方法来处理问题，是比较保险的。如果这件事情处理得很好，自然自己脸上有光；如果处理得不好，也完全是自己宽慰自己。

陷入从众定式之中，就会使人在面对任何问题的时候很少或根本不进行独立思考。所以，当我们面对新情况、新问题的时候，就需要开动脑筋，突破从众思维。因为多数人也可能是错误的，要知道，有时候"真理就掌握在少数人的手中"。千万不要被多数人的所谓正确的观点所束缚，应该拓宽你的视角，开阔思路，做个有独立思想的人。

对于个人来说，跟在别人屁股后面亦步亦趋难免被吃掉或被淘汰。最重要的就是要有自己的创意，不走寻常路才是你脱颖而出的捷径。不管是加入一个组织或者是自主创业，保持创新意识和独立思考的能力，都是至关重要的。

性别实验：人类性别由基因注定

实验结果：人类的性别是基因注定，而非后天环境的培养。

实验过程：后天的行为无法改变人的性别特性

在 20 世纪 60 年代，心理学界曾对一个问题争论不休，那就是：人类的性别究竟是基因注定还是后天的培养？许多心理学家对此问题进行了激烈的争吵，他们各持己见。其中一位叫约翰·曼尼的哈佛心理学博士坚持自己的观点，他认为人类的性别是后天养成的结果。对此，他还有了极为丰富的理论体系，但是，他还差一个科学的、客观的实验来证明他的理论。恰好，在 1965 年，一位绝望的母亲找到了曼尼博士。

这位母亲有一对可爱的双胞胎儿子，分别叫作大卫和布兰恩，但是几个月前，在一次手术中，大卫失去了整个丁丁。希望曼尼博士可以帮助自己，看看如何才能帮助大卫，让他健康快乐地成长。

这时，曼尼博士觉得证明自己理论的机会来了，他向那位母亲讲述了自己的理论，当下的情况，大卫想以男性的身份生活下去一定极不容易，长大后他将无法接受这个事实。但是，性别都是后天养成的，现在孩子还小，完全可以将他的性别重置为女性，再按照女孩来培养，这样对他的成长可能会好一些。

大卫的母亲采纳了曼尼博士的建议，让大卫在 22 个月时，接受了性别重置手术，即切掉他的睾丸，给他换成了女性的阴道，而当时的大卫对此一无所知。同时也将他的名字改为布兰达，重新以女孩的身份开始生活。

在接下来的时光中，曼尼博士定期为她注射女性荷尔蒙，并且观察和记录她的成长过程，但是，事情并没有按照曼尼博士所预想的发展。长大后，布兰达似乎开始意识到某些问题。

这个时候，曼尼博士认为应该加强对布兰达的"后天教育"，通过意识灌输的方式，加深布兰达对自身是女性性别的认识。曼尼博士甚至还说服母亲让兄弟俩进行一些所谓的"练习"，比如让布兰达和布兰恩全裸照相，是为了告诉布兰达男女的性别差异……博士认为，这种练习有助于让他们构建一种强烈的性别认知。

就这样过了几年后，布兰达的母亲也觉得她越来越像女孩了，比哥哥有女性气质，也更爱干净、整洁。兄弟俩到了 9 岁时，曼尼觉得自己的实验成功了。于是，他发表了论文，得出结论"性别是后天塑造的，与先天性别无关"。但不为人知的是，一直被当成女孩培养的布兰达却很痛苦，他喜欢男孩子玩的游戏和玩具，也喜欢用武力解决问题。到了青春期，他产生了性别认识障碍。他不喜欢和女孩一起玩耍，男生也嘲笑他，一直以来，他根本没什么朋友。心理上找不到性别认同，而且生理上也极为痛苦。因为他没有接受内部阴道手术，一直以来排尿都是通过人工尿管完成的。再加上长期服的雌性激素药物的作用，他的精神濒临崩溃。

看到布兰达如此痛苦，母亲终于坚持不住了，在他 14 岁的时候，将所有的事情都说了出来。布兰达深受打击，将自己的名字又改回了大卫，他切除了因为雌激素变大的胸部，并且通过变性手术，又让自己变回了男性，并从此开始新的生活。

这也意味着，曼尼博士的理论彻底没有了现实支撑，兄弟俩的生活又回到了正轨上。10年之后，24岁的大卫结了婚，并且领养了3个孩子。但是故事还远未结束，因为这场心理学试验的影响超出了所有的预想。

在2002年时，大卫的哥哥布兰恩竟然自杀了，因为从14岁开始，他便无法接受妹妹变成弟弟的事实，他觉得布兰达在女孩时期夺走了本该属于自己的一切关注。因为在此期间，父亲和母亲几乎将所有的关注都给了布兰达，自己则总是被人忽视和漠视。这种情绪一直伴随着他，最终在2004年时，布兰恩服用了过量的抗抑郁症药后，死去了。在此期间，大卫的生活也变得一塌糊涂，他的精神状态极不稳定，学业无法完成，收入又入不敷出，经济状况堪忧，最终妻子也离开了他。

后来，他将自己的故事改编成了剧本，卖给了电影商，但钱却被别人骗走了。于是，在2004年，38岁的大卫不堪忍受自己的生活现状，将车开到停车场，用猎枪对准了自己的头，扣动了扳机，以自杀的方式告别了这个世界。

由此看来，人类基因是注定的，后天环境是极难更改的。曼尼博士的这个心理学实验最终以失败和悲剧终结。

实验延伸：

在心理学界，行为主义者的一贯主张是，人的行为是后天环境的产物，其中包括引起人的行为的刺激和某种选择的结果。即经验是人性塑造的基本因素或唯一因素。但是，对于人类的性别来说，是基因注定的，靠后天的行为与习惯的培养无法塑造出一个人的“性别”，人类的性别是人类在长期发展的过程中由基因决定的，即便做变性手术，人为的干预也无法改变其性别。

小艾伯特实验：恐惧也是一种条件反射

实验结果：人类对某件事或物的恐惧并非是天生的，而是在后天某些事件的刺激下产生的。

实验过程：恐惧可以通过条件反射后天习得

小艾伯特实验被心理学界认为是比较恐怖的心理学实验之一，原因是受试者是一位仅 9 个月大的婴儿。该实验由美国心理学家约翰·布罗德斯·华生和他的助手罗莎莉·雷纳于 1920 年在约翰霍普金斯大学进行的。约翰·布罗德斯·华生在行为心理学方面极为有造诣，他在野外观察儿童的各种行为后，判断儿童对某件事或物的恐惧是天生的，或由于非条件反应。为了验证这个心理学结论，他开始了实验。

华生与助手从一所医院挑选了 9 个月大的艾伯特进行这个心理学研究。小艾伯特的母亲是医院的奶妈，华生在她沟通后每天以一美元的报酬跟达成了实验的约定，而具体要做什么实验，小艾伯特的妈妈并不清楚。

刚开始的时候，华生经常送给小艾伯特一些礼物给他玩，比如小白鼠、兔子、狗、猴子、有头发和无头发的面具、棉絮、焚烧的报纸等，面对这些，小艾伯特并未感到害怕，这是实验开始前的情感测试，看到小艾伯特能与以上这些东西和谐相处，华生得出结论：小艾伯特对这些物品不感到恐惧。

约两个月后，当小艾伯特刚超过 11 个月大，华生与他的同事开始进行实验。开始时，把小艾伯特放在房间中间桌子上的床垫上面。实验室小白鼠放在靠近小艾伯特处，允许他玩弄它们。这时，小艾伯特对小白鼠丝毫不感到恐惧。当小白鼠在他周围游荡时，他便开始伸手触摸它。在后来的测试中，当小艾伯特触摸小白鼠时，华生与雷纳就在小艾伯特的身后用铁锤敲击悬挂的铁棒，制造出响亮的声音，以恐吓他，这个时候，小艾伯特就会被吓哭，并且表现出恐惧来。经过他几次这样将两个刺激配对，当小白鼠再次出现在艾伯特面前时，他表现出十分恐惧与痛苦。他哭着转身背向小白鼠，试图离开。显然，小艾伯特已经对小白鼠产生了恐惧，而这一切是建立在：原先的中性刺激，现在的条件刺激与非条件刺激（用铁棒发出巨响）建立了关联性，并产生了恐惧或者哭泣的情绪反应，即由原先对巨响的无条件反射，现在对小白鼠的条件反射。

具体这个实验导致如下的后果：

巨响（非条件刺激）出现，引起恐惧（无条件反射）。

白鼠（中性刺激）与巨响（非条件刺激）同时出现，引起恐惧（无条件反射）。

白鼠（条件刺激）出现，引起恐惧（条件反射）。

后来，华生通过观察又发现，小艾伯特不仅仅是开始害怕小白鼠，他的恐惧开始泛化，甚至对小狗、白色皮毛大衣、棉花等，凡是毛茸茸的东西都会感到害怕。通过这个实验，华生证明了恐惧的情绪可以通过条件反射后天习得。

实验延伸：恐惧也是人类与生俱来的一种自然情绪

行为主义心理学家华生通过小艾伯特实验证明，人类的恐惧是通过后天习得的。但是，恐惧也有先生的。有科学家曾在人体中发现有恐惧基因的存在，它控制着大脑中一个与恐惧反应有关的区域的蛋白质分泌。

从人类进化的角度来说，恐惧是人类与生俱来的一部分，也是人类众多情绪的体现之一。有史以来，我们的祖先就生活在一个充满各种危险的世界中：天敌、饥荒、有毒植物、敌对的邻国、高寒之地、疾病、水灾。应对这些危险，人类的心理得以逐步进化。正是进化让人类逐渐拥有了这些躲避危险的品质。其大多数，只是各种形式的预警而已。人类恐惧情绪的产生，就是一种对自我保护的反射。所以，要有效地避免恐惧，就先要认识到恐惧是我们人类与生俱来的一部分。同时，我们还要理性地看待现实世界，不杞人忧天，不过分地为不可预知的未来而担忧或恐惧。

生活中，当我们看到蛇时，会下意识地感到害怕或者心理上的不适，即便这个人是第一次见到蛇而且之前也未曾听到任何与蛇的相关知识。这种下意识的恐惧便是人类的集体无意识，是人类祖先在生存的过程中，与蛇搏斗和共处过程中发展出来的情绪反应，它已经被编织在了人类的基因中，代代相传，是人类共通的一个反应。我们要认识到，这种恐惧对人类是有积极作用的，因为这种下意识的恐惧会驱使我们主动地远离危险，保护自己。

另外，当我们在路边看到有垂下来的裸露的电线时，就会感到害怕。这种“看到裸露的电线便害怕”的恐惧是后天形成的。因为人们常被教育裸露电线是危险的，可能会触电身亡。甚至还听到过一些具体的实例，并且看到过相关的图片，经过若干次教育，这种恐惧便会被铭记于心，当然这也仅限于获得过相关知识的人。而对于一个年幼的孩子来说，面对裸露的电线可能毫无恐惧之心，甚至会觉得好玩而去抓电线。所以说，人们先天或后天的恐惧以及恐惧程度，依据我们所受到的外界的刺激而改变，这种刺激可能包括后天的说教或某些受伤害的经历。比如，人们对蛇的恐惧，一个人若出生在多蛇之地，懂得什么蛇有毒什么蛇无害，遇到蛇懂得如何躲避，与那些对蛇一无所知的人，在看到同一条蛇的时候，恐惧感也是不同的。再如，小孩怕黑，在心理学中，“黑”代表无意识，是一种充满未知与不确定的状态。要知道，人类最大的恐惧是对未知的恐惧，大人们对突然停电的黑不会害怕，是因为他们知道这只是暂时的，过一阵子电子恢复了，光明便会到来。大人们不害怕的根本在于他们对未来是有预判的，因而不会害怕。而对于小孩来说，他们对“光明”的到来没有预判，所以会感到恐惧。因为永久无边的黑暗就代表着“死亡”，是整个人类都恐惧并试图去解决的一个永恒的主题。

认知失调实验：你的行为并非是你自己决定的

实验结果：你的每项决定，其实都是“事后诸葛亮”!

实验过程：你的个人行为并不一定是你自己决定的

生活中，为何有人总是屡犯一种错，屡教不改？为何有些人越老越信命？如何才能纠正我们自己的行为？……对于诸如此类的问题，心理学家进行过各种各样的实验。那么，能够回答上述问题的，当属 20 世纪 80 年代加州大学旧金山分校心理系教授本杰明·李贝特与哈佛大学心理系教授丹尼尔·崴格纳尔的“认知失调实验”。

在此实验开始前，两位教授随机抽取了一些志愿者，要求他们随时报告自己动作发出的意向，并使用电脑技术通过收集和记录大脑电信号，来监测被试者在报告自己动作发出前时的大脑的活动情况。

经过检测，结果显示，被试者的大脑是在报告自己将要发出动作意向之前的几百毫秒时，就已经产生相应动作的电信号了。也就是说，被试者动作产生的直接原因，并不是他意识到自己将要做出某个动作，而是被试者在毫无意识的条件下就已经做出“要做某个动作”的决定，只不过在做出“决定”之后，其他的脑活动都是在“解释”自己的决定。

这个研究成果震惊了整个心理学界，并引发了大量的后续研究。

2013年，德国著名的神经科学家、柏林高级神经影像中心教授约翰—迪伦·海恩斯利用功能性核磁共振成像技术，让被试者看一块屏幕，并在屏幕上显示两个数字，然后让被试者决定到底把它们相加还是相减，然后给出答案。结果，被试者的大脑神经活动图谱显示：在被试者做出决定前的4秒，他们就已经决定好了，到底是要相加还是相减。

最终，这个实验反映出这样一种现象：你的行为不一定是你自己决定的，你能够意识到的，只不过是在执行大脑已经提前准备好的决定。

这也告诉我们，对于我们所做出的任何一项决定，无论是最简单的按键反应，还是做相对复杂的数学运算，我们的大脑都是悄悄做出一个决定，然后把这个决定“信封密封好”，交给你大脑的理性决策系统。而你的理性决策系统会根据事先做好的决定，先从你的记忆中调取相关素材，再用“逻辑”这个工具，把跟“决定”相关的素材组织起来，再让你的语言系统把“决定内容”念给你听，并让你自己感觉好像这是自己做出的决定，而实际上这只是一种看起来“你的一切你说了算”的错觉。

那么，很多决定并不是我们自己做出来的，但我们究竟在做什么呢？答案会比较出乎我们的意料，那就是“找理由”，也就是把自己所做出的决定“合理化”，这种“合理化”的机制叫作“归因”，尤其是应对决策错误和在遭遇到挫折的时候，如何“归因”便显得极为重要。

实验延伸：我们是如何将我们的行为“合理化”的

人类在漫长的进化过程中，在缺乏科学知识，又没有技术作为工具来帮助我们做决策时，出错也是难免的了。在远古时期，人类若做出错误的决定，轻则会饿肚子，重则会没命。为了生存下去，进化的力量就赋予人类能够通过错误和教训进行学习的能力，并通过深刻的情感体验让人们记住错误，这种体验包括一系列的复杂情感，如懊悔、内疚、自责、失望等。也正是因为这些负面的情感体验极为深刻，使得人们再次面临类似犯错场景的时候，会马上调取出当时的负面情感记忆，再次启动强烈的情感体验，避免让人们再犯第二次错误。

凡事都有两面性，消极的情感如果体验得多了，人不但会退缩逃避，还会失去自信，严重时还会出现焦虑抑郁等心理与精神问题，甚至还有可能威胁到自身的生存。所以，在长久的进化过程中，人类又进化出另一套“补救措施”，当自己做出决定出现偏差时，我们应该以怎样的态度去面对结果，才能让自己感觉好一些，从而不影响我们接下来的生活。毕竟，无论发生什么，只要生命没结束，人生还得接着前行。因此，为了减轻甚至避免这种消极情感持续带来的痛苦体验，人类又进化出了另一种面对行为后果的心理机制，叫作“归因”。当人们得知自己决定错了，尤其是当看到因自己的行为而酿成严重的后果时，每个人都会在内心给自己编织一套理由和说辞，来应对自己做出错误行为的愧疚心理。

大量的心理研究表明，人们对待自己行为的后果，存在两种截然不同的归因倾向：

一种是外部归因。这种类型的人要么会将错误的结果归因为他人、环境等外部因素，认为自己没有一点责任。

刘晓自认为自己是位“命苦”的女孩，因为她的工作很不顺利，一年被辞退好几次，在工作中经常性地犯一些错误：拖延，有时还会犯一些低级错误。

一次，她去甲方单位签合同，关键时刻她发现自己居然把合同带错了，惹得上司大发雷霆，随后将她辞退。她苦闷至极，于是便走进了一家心理咨询室。在咨询过程中，心理师发现她总爱将工作中的种种不顺归结为上司或者同事的问题，觉得自己换一家公司就会好起来。可结果，她还是一直在重复着自己的“悲苦命运”，只是她对于自己为什么会做出“拖延”和“犯低级错误”这样的错误毫不自知。实际上，“拖延”和“犯低级错误”都是她在表达愤怒，只是因为她从小就不断地被父母教育，要听长辈的话，要听兄长的话，要听领导、老师的话，不能有丝毫的反抗。所以，即便在工作中有不开心，她也不敢表达，只是忍气吞声，把心中的愤怒压下去。因此，她的大脑就会悄悄地做出“拖延”“不合作”“故意犯错”的决定，以此来表达她的愤怒，只不过她的理性并不知道这是怎么一回事，只是用“都是别人的错”来给自己的“决定”进行解释，从而让她不断付出惨痛的代价。

另一种是内部归因。这种类型的人首先会主动承担责任，无论在怎样的情况下，都倾向于认为自己应该为错误负责。同时，他们相信自己一定能够改善局面，并积极采取行动对错误进行弥补，从错误中吸取教训。也有一些人同样会认为自己应该对错误负责，但他们并不是就事论事，而是进行自责和自我惩罚，认为自己怎么如此没用，为什么会犯如此低级的错误，以至于将自己贬得很低。这种极端的内部归因，在生活中极为常见。

刘源是一位高一的男生，极为看重考试。每次考试完以后，他就会把自己锁在房间里，无论父母如何叫他，都不肯出来。他是真的很难过，甚至连饭都不吃，因为他说自己考得太差了，无脸出去见人。但是周围的朋友看了他的成绩单，觉得他考得相当不错，没有他认为的那么糟糕。听到朋友的劝解，刘源当着对方的面会说自己考得如何如何差，还认为对方的智商有问题，说着说着，他甚至觉得自己都不配活在这个世界上。朋友问他：“你认为自己考到怎样的分数才满意呢？”他不假思索地说：“考到第一名，至少语、数、外得是满分。”他这个回答惊到朋友了，朋友就问他：“你觉得考到这样的水平，就完美了吗？”他却反问了一句：“那难道我不该是完美的吗？”

上述事例中的刘源是比较典型的极端内部归因，甚至到了自我归罪与自我贬低的程度。

无论是外因和内因，我们都是在试图为自己的行为寻找合理的理由，以让我们过得“心安理得”。

过度理由实验：奖励越多，人对奖励的需求就会越大

实验结果：给某人的奖励越多，人对奖励的需求就会越大

实验过程：做事靠的是内在的动机，外部的刺激也只是暂时的

过度理由效应的提出者是美国心理学家德西，他曾经用实验的方法验证了自己的理论。实现分三阶段进行，以解题的方式测试大学生的智力。

第一阶段，让学生在没有奖励刺激的情况下解题。

第二阶段，把学生分成两组，其中一组每解完一道题就能得到 1 美元奖励，另一组则没有。

第三阶段，让学生们自己安排休息时间。

结果表明，获得奖励的学生解题时表现得更为积极，但在第三阶段时却对解题失去了兴趣。由此可见，人在从事某件事情的时候，内在的动机才是持久的，外部刺激的效果是短期的，奖励越多，人对奖励的需求就会越大。

实验延伸：陌生的热情或关怀更容易打动我们

过度理由实验在生活中有着极为广泛的应用，比如我们经常会因为陌生人的嘘寒问暖而感动，对亲人、恋人的付出却表现得格外麻木。这是为什么呢？心理学家指出，生活中，人们试图总让自己和别人的行为看起来合乎常理，并为该行为寻找背后的原因，一旦找到了显而易见的外部原因，就不会再探求内部的原因了。亲人和恋人爱护我们，是因为

我们关系密切，这就是最恰当的外部理由，因此我们不会把他们想象得多么富有爱心，但陌生人就不能用“亲戚”“伴侣”这样的外部理由解释他们的行为，所以我们会将其归结为内在品质的原因。

在恋爱关系中，过度理由效应对感情的损害非常大。无论伴侣为我们付出了多少，我们都不会将其解读为“爱”和“关心”，而只是把它视为“责任和义务”罢了，且会渐渐习以为常。两个人刚刚交往时，我们还会为对方端来的一杯热牛奶或是一碗白粥而感动，时间久了，就会以“对方是因为喜欢我才这么做的”为外部理由来解读所有的事情。对方付出越多，我们就渴望得到越多，永远都不会感到满足。伴侣的关爱就如同实验中的外部奖励，它只会助长我们的贪欲，使我们变得越来越冷漠和麻木，根本不能让我们明白什么叫作珍惜。这对于两性关系来说，无疑是危险的。

伟大的物理学家爱因斯坦曾经以书面形式警告妻子米列娃，若是还想维持这段婚姻，必须遵守以下协议：

一、必须保证我的被褥和衣服整洁，负责为我提供一日三餐。保证我的工作室干净卫生，尤其要注意的是任何人都不得使用我的办公桌。

二、完全放弃我和你之间的一切关系，除非一起参加社交活动，否则不要让我和你待在一起，不能要求我在家里和你坐在一起，或者和你一同外出、旅行。

三、别指望我对你好或者不发脾气。必要时你必须停止跟我谈话，只要我提出要求，你必须马上离开卧室或工作室。

四、在孩子面前，不能以语言或动作表达对我的蔑视。

绝大多数女人读了这纸协议，都会感到寒心，一位丈夫对自己的妻子已经冷酷薄情到了这种程度，可见两人的关系已经糟糕到极点了。在爱因斯坦眼里，米列娃早已不再是他想要相濡以沫的发妻，而是一个专门照顾他饮食起居的保姆或女仆，只要他不高兴，她必须以最快的速度从他眼前消失。那么米列娃究竟做了什么，让他如此不快和反感呢？

事实上，米列娃虽然达不到一个好情人的标准，但确实可以称得上是一个好妻子。长期以来，她默默地站在爱因斯坦身后，把家里打理得井井有条，耐心地照顾孩子，还努力赚钱贴补家用。正因为她的付出，爱因斯坦才能把所有的时间和精力用在探索时空的奥秘上，免于为生活上的琐事操心。在生活上，爱因斯坦是依赖米列娃的，在事业上他同样需要她的帮助。米列娃并不是一个普通的家庭主妇，她在物理学方面的造诣几乎可以与丈夫比肩，爱因斯坦相对论的观点部分就来自她，他能在科学界取得如此辉煌的成就，其中也包含着她的一部分辛劳。但她不争名不逐利，只愿做他背后的女人。然而对于米列娃的付出，爱因斯坦统统视而不见，他觉得一切都是理所应当的，妻子有义务无私地支持自己，自己有权对她表示厌恶。米列娃尽管一再妥协和忍让，还是没有挽回丈夫的心，两个人最终以离婚收场。后来爱因斯坦另结新欢，而米列娃却在孤独和病痛中度过了余生。

在日常生活中，陌生人即便为我们做了一件极小的事情，我们也会心存感激，但对于伴侣给予自己的关怀，我们却从来也不知道感激，仿佛他们所做的一切都是天经地义的一样，只要稍不顺意，我们就有权利向其表达不满。这样做当然会伤害对方的感情，可悲的是我们却对此浑然不觉。过度理由效应提醒我们，必须学会珍惜眼前人，不能继续对他们的付出熟视无睹，而要怀着一颗感恩的心与之相处，陪伴他们度过人生最美好的时光。

恋人对我们点点滴滴的关怀都是爱的表达，它无关责任和义务，在这个世界上，任何人都没有义务对我们好。我们绝不能以冷漠回应伴侣的热情，更不能肆意伤害对方的感情，而是要学会以爱的方式回馈和温暖他们，不要让他们白白付出。

拖延实验：及时行乐是人生常态

实验结果：人们更愿意获得“即时满足感”，如果未来的某些目标，会让我们感到“费劲”和“消耗”，那么我们就会本能地去逃避和拖延。

实验过程：与费劲和消耗相比，人们更愿意获得“即时满足感”

生活中，很多人都有拖延的毛病，明明制订好了学习计划，第二天执行时却一拖再拖，最后只有放弃；遇到一个棘手的工作难题，上司要求下周一定给结果，而你却一拖再拖，直到需要交差的那一天，你却一下子慌乱起来……人为什么会拖延？那些拖延症患者的“心理机制”是什么？为了弄清楚这些问题，心理学家们曾做了一系列的实验。这其中，里德、洛温斯坦和卡亚纳罗曼等人用一个非常巧妙的实验，回答了上述问题。

实验过程是这样的：研究人员首先挑选了 24 部电影，这些电影中既有像《辛德勒的名单》和《海上钢琴家》这种比较严肃且有深度的经典电影，也有像《西雅图不眠夜》和《窈窕奶爸》这种既有故事情节，又比较符合大众口味的电影，还有像《变相怪杰》和《生死时速》这种极具娱乐性和观赏性的商业电影。这些电影在思考深度和娱乐性上存在显著的差别。

紧接着，研究人员又招募了一批被试者，让他们从 24 部电影中选出自己感兴趣的 3 部。在绝大部分被试者选出来的电影中，都有《辛德勒的名单》，而言情片及一些相对比较轻松的电影，选择的人却比较少。

接下来，研究人员让这些被试者从自己挑选出的电影中，选出一部电影立即观看，再选出一部电影在两天后观看，最后留一部电影在四天后观看。那么，这些人最终都是怎么安排的呢？

实验结果显示：大部分被试者都选择在第一天观看《变相怪杰》和《生死时速》这种不费脑的娱乐性电影；63%的被试者在安排第二部电影时，选择观看品位更高的片子；71%的被试者在安排第三部电影时，选择观看品位最高的片子。而选择的3部电影中有《辛德勒的名单》的被试者中，只有44%选择在第一天观看它。

之后，研究人员又进行了后续研究，他们要求被试者在所有的电影中选出3部，并要求被试者要连续看完。这次的实验结果就很有意思了，只有不到之前1/14的被试者选择了《辛德勒的名单》。

通过这个实验可以得知，其实没多少人是真正喜欢《辛德勒的名单》的，之所以在第一次就选择这部电影，是因为这部电影获得过奥斯卡大奖，在人群中的口碑很好；又是大导演史蒂文·斯皮尔伯格的杰作；而且这部电影讲述了辛德勒救赎犹太人的过程，表现出人性光辉的一面。所以，很多人其实是为了让自己看起来有格调才声称自己喜欢这部电影。

但是，被试者们的身体却很诚实，他们用自己的“选择”说出了真话，那就是，他们中的许多人其实并不喜欢《辛德勒的名单》，因为这部电影整体呈现出黑白色调，极为压抑，而且电影本身却很有深度，情节编排也很考究，对观众的鉴赏水平有要求，不仅要消耗大量的脑力去思考、去体会、去感受，而且还无法带来快速而刺激的观影体验。

因此，许多被试者虽然选择了《辛德勒的名单》，但大部分人都选择把这部电影放到最后再看。如果让这些被试者一天之内就看完，那么许多人就干脆不选了。

这个实验告诉我们：与那些让我们感到“费劲”和“消耗”的电影相比，人们更喜欢直观地带给我们感官满足感的电影。就如生活中，大家明知道一些远大的生活目标有益于我们的人生，但人们还是会忍不住去做一些当下能带给我们刺激的事情。比如，我们都会觉得生活中应该少玩手机，多利用碎片时间去看书，但我们每天还是沉溺于手机游戏或短视频中无法自拔，因为相比于前者，后者能为我们带来当下的满足感；再如，我们下了很多电子书，准备有时间就看，于是给自己做了一个一年计划，准备等下个月1号开始大干一场，我们都觉得学好英语能让自己的职场竞争力变得更强，于是我们准备明天开始每天学英语30分钟，但最终都以失败收场，因为我们无法延迟满足感，于是我们开始不断地拖延，我们制订的计划都是为了满足未来的我，而是要让当下的自己痛苦！

实验延伸：人生中的多数困局，都源于不能延迟满足感

人们拖延的主要心理机制是不懂得延迟满足感带来的。无法延迟满足感，也是多数人的人生困局。所谓的“满足感”即指人的需求得到实现时的感受。从心理学的角度分析，人类是一种追求即时快感的物种，也正是这种对快感的盲目追求，才使我们经常会放弃长远的目标，而下意识地去追求可以立即看到结果的短暂的快感。而正因如此，多数人便养成了“短视”的问题，而人生中的多数难题或不顺心，上自工作、事业，下至婚姻、家庭等，都是因为“短视”带来的。比如，刚毕业找工作，总是想着“钱多、活少、离家近”，最终只能在对现实不满的纠结和焦虑中不断消耗自己的精力，而忘记了如何去提升自我，实现自身的增值，从而时时面临“找寻新工作”的窘境；自己创业，刚刚取得一点成就便开始沉浸于巨大的自我满足感中，开始变得傲慢、自大或迷失自我，从而遭遇事业的挫败。

大学时候，宿舍总共住着六个人，刘青是睡在最靠窗边的女孩。她长相一般，但却是个乐观十足的人，经常爱冲人笑。与总沉浸于八卦新闻中无法自拔的普通女生相比，她似乎对什么鸡毛蒜皮的小事都不关心，遇事也不争不抢，也不怎么爱出风头。半年下来，这个看似文静恬

淡的黝黑女孩，却与班里每个人的关系处得都不错。

她对很多事都不怎么上心，但唯独对学习很认真。她从入大学的第一天，无论风吹雨打，无论白天有没有课，有没有作业，她每天早上都会在6点钟准时起床，7点钟到图书馆，下午5点准时回宿舍或教室，晚上则会过正常人的生活，去校外的酒吧或参加学校组织的各种活动。但老师布置的作业，她都会认真完成，从未懈怠过。

周围同学曾问她，好不容易脱离了苦不堪言的高中生活，为何还要继续过这种苦行僧般的生活。她笑道："在离开父母之前，我就是过得太过安逸才考上了这所普通大学。现在离开家了，真正能让自己走得远、走得快和走得踏实的，就得靠勤奋啊，这样才能把之前丢失的东西找回来！"

正是长时间的自我约束，果真给她带来了诸多的"好运"：第一学期结束，她的成绩全班第一，而且班里的学生包括班长都喜欢和她交谈，就连教授也喜欢她。整个大学四年结束，当大家都在苦恼毕业论文和找工作时，她已经顺利拿到了一所国家重点大学的研究生录取通知书。

毕业时，一位教授曾这样评价她：一个人如此懂得延迟自我满足感，她人生最差的结局也是"大器晚成"！

那时，同宿舍的还有另一个同学，叫张梅。她有着不错的家境，身形苗条，长相甜美，是班里很多男生倾慕的对象。对她印象深刻的原因是，在大学第一天，她就嚷嚷着自己终于脱离了高考苦海，从此可以放肆地玩了。军训过后，她开始放肆地实施自己的"玩"计划了：熬夜追剧，通宵打游戏，就是课间的零星时间，她也用来逛淘宝。周末也是约上好友去逛街。每周四下午的英语课，她总是想方设法逃避，不是在宿舍睡觉，就是在和别班的同学一起在操场里滑雪或打球。第一学期下来，她有三科不及格，被老师叫去上补习班……可是，接下来的时间，她丝毫没有收敛自己的“玩心”，依然我行我素地放肆玩了四年，直到毕业前的一个学期，她因为多门功课不及格而被学校勒令退学……再一次见到张梅是在我们毕业后的第二年，那是在一次同学聚会上，她已经嫁了人，有了孩子，在一家商场的化妆品专卖店做导购。她穿着朴素，化着浓妆，老套世故地向每个同学递名片，并推销她的化妆品。原本水灵的脸蛋亦不见往日的光彩，皮肤松弛，步伐拖沓，身形也走了样……

美国著名心理学家马斯诺有个学说叫“人的需求层次理论”，讲的是人的五个由低到高的需求，分别为：生理需求、安全需求、社交需求、尊重需求、自我实现需求。人在很多时候，极容易陷入最低层的生理需求中无法自拔，也就是说，很多人之所以终生一事无成，是因为他们很容易陷入对低品质生活的迷恋之中，所以，他们目光短浅，自控力和自律性差，为了维持当下的满足感，而不惜做出有违道德甚至有违法律的事情来。比如一个长时间抽烟的人，其并非不知道吸烟有损健康，但控制不住自己要去抽烟，最终却会因为健康问题而早早地住进医院甚至早早地丧命。再如，一个长期暴饮暴食的肥胖者，医院体检报告中的很多指标已经亮了红灯，医生也叮嘱他一定要少食多运动，但他看到美食却仍然管不住嘴，总嫌运动太遭罪，于是干脆放弃，最终不得不住进ICU等，生活中类似这样的事例很多，但它们都告诉我们一个事实：一个不懂得延迟自我满足感的人，很容易沉迷于低品质的生理生活需求中，最终却需要付出巨大的人生成本来维护自己低劣的天性。

一个人只有摆脱低层次的需求，去追求更高或最高层次的需求，才能成就非凡的人生和事业。比如一个人的需求在第五个层次：自我实现需求。那么，有了这个追求和高远的目标，他就不会沉迷于下面四个低层次的需求中无法自拔，他们会努力地提升自我，不会在意眼前的各种喧嚣，不会为无关紧要的小枝末节投入大量的成本。他们的精力被用在正事上，成就事业，获得尊重。他们会努力健身、节制饮食，为了保持健康；他们也会勤奋修炼内心，获得安全感，会提升情商和个人影响力，以跨越社交需求和尊重需求，从而达到自我实现的需求。这是一种高品质的人生，维护费用很低，即便是遭遇困难，但他目标高远，也不会被这些困难困住。

高品质的人生并不意味着富有，但持续性的思维破局与高远的追求，以及延迟自我满足感的生活理念，会让他们摆脱人类低层次金字塔下的消耗性需求，将精力用在更有意义的事情上，最终实现富有的目标和更为长久的快感。

从这个理论上分析，很多人的人生困局都输在了太急于享受自我满足感，而解决这些困局的根本在于懂得约束自我，懂得延迟自我满足感。

传染性打哈欠实验：别人是如何影响我们的行为的

实验结果：行为很多时候源于某种心理暗示。

实验过程：人类的某些行为具有“传染性”

打哈欠是人的一种本能，它就像心跳、呼吸一样，不受人的意志所控制。可是人为什么要打哈欠？对此，生理学家指出，人一次打哈欠的时间大约为 6 秒钟，在这期间使人闭目塞听，全身神经、肌肉得到完全松弛。所以可以这样认为，打哈欠可以使人在生理上与心理上获得极好的休息，对人体具有重要的生理保护作用。另外，打哈欠对保护脑细胞、增加脑细胞的供氧，提高人体的应激能力具有极好的保护作用。但是，打哈欠是具有传染性的，这也意味着当一个人在打哈欠时，旁边的人也会跟着打哈欠。一位心理学家做了打哈欠在人类中传染的实验，通过实验发现，相对于陌生人，熟悉的人之间哈欠更容易被传染。这表明，人类的一些行为是具有“传染性”的。当然，这种可以传染的哈欠并不仅仅限于“灵长目个体”，而且它还可以传染给狗。对此，2008年，伦敦大学伯克贝克学院的 Sanju 博士领导的研究小组，发现人的哈欠可以传染给狗，实验过程是这样的：

研究小组的成员组织了一些试验参与者并给他们每人一只宠物狗，同时将他们分为实验组与对照组。具体来说，要求实验组的人员叫宠物狗的名字，当它转过来看自己的时候，便朝着它打个“声色兼备”的哈欠，如此重复操作 5 分钟。

而要求对照组的参与者叫宠物狗的名字，当它转过来看自己的时候，朝着它做“不具备哈欠的特征”的张大嘴的动作，如此重复操作 5 分钟。

实验结果显示，实验组与参照组分别有 29 只狗参与了研究。实验组中有 21 只狗打了哈欠，平均每只 5 分钟内打 1.9 个；对照组的狗则一个哈欠也没打。

此后，还有一些科学家对不同年龄段的狗进行了类似的实验研究，即让不同的表演者对着狗打哈欠，或者只是做出张嘴的动作。结果发现，狗也会被“传染”并开始打哈欠，但仅仅看了张嘴动作的不会被“传染”。这种传染和表演者亲密与否没有明显关系，但和狗的年龄有关：只有超过 7 个月大的狗才会被“传染”。

对此，科学家认为这种“哈欠传染病”是一种“移情作用”：狗看到人打哈欠后，唤起了自己的某种情感，狗的大脑里面也有一个镜像神经元的神经细胞也会像人一样察言观色。当人在打哈欠的时候，狗就会觉得自己很疲劳需要打哈欠。所以它就跟着人模仿起了这个动作。

实际上，所谓的“传染的哈欠”，其实就是一种心理暗示，与传染性的感冒不同的是，当你看到他人打哈欠时，视觉也会刺激大脑皮层，刺激神经反射，发生的一种本能现象。在实验研究者看来，宠物狗即是容易受心理暗示影响，那么人类则更容易接受某种心理暗示的灵长类动物。正如心理学家巴甫洛夫认为的那样，暗示是人类最简单、最典型的条件反射。

实验延伸：与什么样的人在一起真的很重要

传染性打哈欠实验告诉我们，人类的一些行为是具有“传染性”的，人也是极容易接受心理暗示的动物。这里的心理暗示是人或环境以非常自然的方式向个体发出信息，个体无意中接收这种信息，从而做出相应反应的一种心理现象。这也意味着，我们个体极容易受周围人或环境的影响。与具有良好行为的人在一起，我们的行为也会得到良性的影响，相反，如果与具有不良行为的人在一起，我们的行为也会得到不良的影响。既然如此，生活中，我想要变得优秀，就要努力与优秀者为伍。和优者为伍，你对他的成功就会像对待自己的成功一般充满热情。随着时间的推移，你会在心中塑造出自己以及那些和你相似的人的形象。你会具有和这些人相同的价值、态度、行为、思想、意识形态以及信仰。学最好的别人，做最好的自己，学智人之智，成就自我。

有句话说得好：你是谁并不重要，重要的是你和谁在一起！人生就是如此，和智慧的人在一起，你就会变得智慧；和优秀人在一起，你就变得优秀。善于发现别人的优点，并把它转化为自己的长处，你就会成为智者；善于把握人生的机遇，并将它转化为自己的机遇，你就能成为优秀者。

现实中，一些人不愿意和老板或者优秀者为伍，大都因为某些心理原因，比如羡慕、嫉妒等。其实，这是一种不成熟的缺乏理智的表现，只要你敢于正视你的这种心理，你就会发现，其实他们并没有你想象的那么讨厌。

刘涛在一家外贸公司工作大概 3 年了，他的上司是一位和他年龄相仿的海归。平时除工作外，私下里同事们都爱凑在一起讨论领导的种种不是。其实，刘涛本人并不是一个八卦的人，但私下里谁不和大伙儿凑在一起说几句领导闲话或坏话，就会被定以“不合群”“上司同伙儿”的“罪名”，渐渐地，也就会被大家所孤立。为了与大家打成一片，刘涛只好在大家聚群闲聊的时候，附和说上几句上司的坏话。时间久了，他就真的也越来越厌恶自己的顶头上司了。在接受任务时，他总是忍不住抱怨几句；工作压力大时，也会向其他同事吐槽上司是如何的不近人情等，与初到单位相比，工作积极性也大大降低，人也变得悲观、消极起来。

三年下来，刘涛几乎没有做出什么成绩，只是在原职位上应付各种差事。突然有一天，他开始反思自己。他问自己：为什么会讨厌上司。他发现自己居然答不出来，同时，他也不否认，上司是个办事稳妥、细致认真的年轻人。他终于明白，他对他的所有讨厌，都源于内心的各种嫉妒：嫉妒他比自己外语好；嫉妒他有一个良好的家庭环境，可以送他出国留学；嫉妒他年轻有为，嫉妒他没有吃过什么苦就能安然地享受当下的一切……刘涛也开始承认，自己之所以总躲着上司，是因为觉得站在他身边自己会自惭形秽。

终于，刘涛发现了问题的症结所在，全面地剖析了自己的内心世界，也就是在那一刹那，他开始真实地面对自己的内心，认清现实——承认自己的不足。

随即，刘涛变得和其他同事不一样了。他不再是那个经常带头说领导坏话，唯恐天下不乱的人了。他也不再是那个整天唉声叹气传播负能量的人。在领导分配任务时，他也不再喜欢和大众站在一条线上，和领导唱反调。

第二天中午，刘涛便主动端着盘子坐在上司的对面，并主动与他搭话。上司看到他面带笑容，便愣住了，问道：“你怎么没和他们一起吃呀?”刘涛笑了:“我这不是要利用一切机会向您多多学习吗,本来有差距,更得向您看齐以提升自己了!”正说着,他们后面的一群同事就在隔几排的位置,依然在小声嘀咕着……

很多时候,我们之所以不愿意与优秀的同事或老板为伍,大多是因为嫉妒心理在作怪。因为嫉妒会让人内心产生不平衡感,进而会产生一种怨恨的心理。当你真正地剖开自己的内心、认识到这些的时候,你就能接纳对方,重新定位自我。

再者,每个优秀者身上都有了不起的地方,你接近他们,也会在不自觉间变得优秀起来。

据说,给李嘉诚开了30多年车的司机,因为年龄大了,准备要辞职离去。李嘉诚看他兢兢业业干了这么多年,为了能让他安度晚年,拿了200万元的支票给他。

司机说不用了,一两千万自己还是拿的出来的。李嘉诚很是诧异,问:“你每个月只有5~6千元的收入,怎能存下这么多钱呢?”

司机回答说:“我在开车的时候您在后面打电话说买哪个地方的地皮,我也会去买一点;您说买哪只股票,我也会跟着买一点,到现在已经有一两千万元的资产了。”

这个简短的故事告诉我们:跟着百万赚十万,跟着千万赚百万,跟着亿万赚千万。一根稻草不值钱,绑在白菜上就是白菜的价钱,绑在大闸蟹上就是大闸蟹的价格。跟着苍蝇进厕所,跟着蜂蜜找花朵,跟积极的人在一起,你就是积极的,跟消极的人在一起,你的内心也会变得阴暗不堪。

所以,无论在职场中,还是在现实生活中,你和谁在一起的确很重要,甚至能改变你的成长轨迹,决定你的人生成败。和什么样的人在一起,就会有什么样的人生。和勤奋的人在一起,你不会懒惰;和积极的人在一起,你不会消沉;与智者同行,你会不同凡响;与高人为伍,你能登上巅峰。

布利斯实验：你与精英的距离，只差一个事前计划

实验结果：做好事前计划，效率将大大提升。

实验过程：事前计划好细节，做起事来才能得心应手

在现实中，为何有些人事情不多，却总是显得手忙脚乱？而有些精英虽身兼数职，仍旧能够从容不迫，还可以抽出空去休息？原来，他们都是布利斯定理的运用者，即事前做计划，都习惯将计划列成“清单”，再分步执行，进而大大地提升了成事的概率和效率。所以，从一定程度上讲，庸才与精英的距离，很多时候只是差一个周密而详尽的“事前计划”而已。

当然，关于事前计划能否真能提升工作效率和成事的概率，艾得·布利斯用真实的实验证明了它的合理性。他与同行做过如下的一个实验：他们将志愿者分为三组，进行不同方式的篮球训练。第一组每天练习实际投篮，不加任何热身和准备，这样持续 20 天，最后把第一天和第二十天的成绩记录下来。第二组则在这 20 天内不做任何投篮练习，同样也是记录第一天和第二十天的成绩。第三组在记录下第一天的成绩后，每天花费 20 分钟进行想象中的虚拟投篮，如果不中，他们在想象中纠正出手方式。实验的结果表明：第二组的成绩没有丝毫的长进，而第一组的进球数量增加了 24%，第三组的进球数则增加了 26%。

实验的结果与我们通常认为的“只有不断练习实际投篮才能改善手感以增加投篮命中率”的想法有些出入，行为心理学家给出的结论是：做事前进行“对脑热身”，计划好每一个细节，梳理所做事情的步骤，做起事来才会得心应手，才会有效率。

事实上，还有一个研究机构的研究结果也证明了布利斯定理的科学性。曾有一家研究机构的研究结果表明：制订计划将极大地提高目标实现的概率。善于事先做计划的人成功概率是从来不做事前计划的人的 35 倍。在成功实现目标的人群中，事先制订计划的人数高达 78%，能够坚持按计划行事的人实现目标的概率是 84%，中途改变计划的人实现目标的概率为 16%。

为此，布利斯实验告诉我们，凡事一定要先三思而后行，事前多想一步，事中就会少一些折腾，事后便会少一些悔意。生活中，有些人比较冲动，在确定一个目标后，急不可耐地先动手干了起来，生怕晚点动手错失良机。或者在接到一项任务后，着急慌忙地去干，根本不做事前准备或规划，这种积极性是值得肯定的，但成事的效率则会大打折扣。

实验延伸：三思而后行，工作更高效

事前做好计划，事情才能有条不紊地进行。否则，只会让效率大打折扣。

有“销售之王”之称的乔·吉拉德在刚接触销售行业时，发现自己的组织能力极差。他平均每周打 500 多个电话，一个月打出 2000 多个电话。随着打电话记录的增多，他的工作也变得杂乱起来。因此，他希望找出一个简单的方法，让自己的工作变得有序，但并未成功。

后来，他突然意识到，欲想提升工作效率，就要花足够的时间去计划、去思考。于是，他将打出的电话号码录在卡片上，每个星期有四五十张。接下来，他再根据卡片的内容安排下一次拜访任务，还有要写的信件等。然后再列出日程表，安排星期一至星期五的工作顺序，当然也包括每日要做的事情。每次做这些事情都要花掉四五个钟头，既琐碎又枯燥，所以，起初他总是想放弃，但坚持一段时间后，他便尝到了甜头，发现这种方法可以使他的工作变得高效起来。

自此以后，每周的上午，他不再忙着打电话，而是精神饱满、神采

飞扬、信心十足地去见客户。要知道，在这之前他已经准备了一个星期，将谈论的话题都想好了。因为准备充足，状态良好，他对会谈充满了信心，并且相信下周自己会做得更好。

事实就是如此，当你有了目标与计划后，你需要完成的事情就会简便许多，效率也会高许多，绝对不会发生找不到事干的情况，更不会遇到困难便总想着退缩。每个人都有过梦想，可要实现它们，一定要事先做好必要的规划和计划，同时将目标分解成无数个小目标，一个一个去达成它，最终实现大目标。就像我们想移走一座大山似乎不可能，但如果将山看成是一个个小小的土丘，然后再逐个移除小土丘，坚持下去，就很可能移动一座大山。同样，让我们将一个宏伟的目标分解成一个个的详细小目标去完成，我们便会发现看似不可能达成的事情就变得简单了许多。

实际上，做事之前的思考并不会耽误你多长时间，慎重思考后，再做出决定，待决定做出后，再做出更为详细的计划，然后才是具体的行动。要知道，慎重做决定与计划这两个小步骤是极为重要的，这两步没走好，后一步在落实到行动上时，就会陷入盲目被动的局面，甚至是徒劳。因此，我们应坚持“三思而后行”的行事原则，这样才能避免陷入盲目，做无用功。

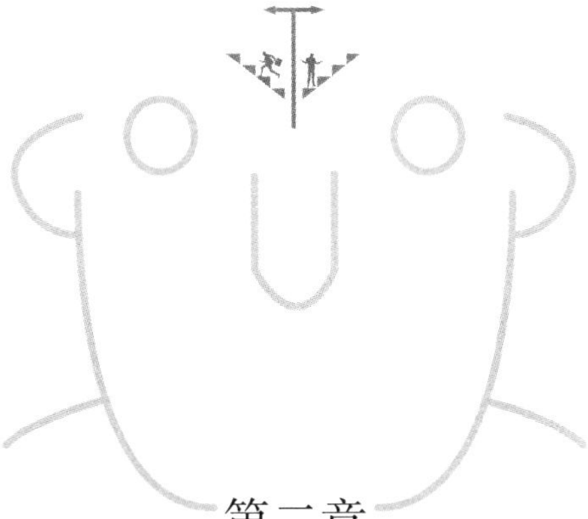

第二章

教育心理学实验：孩子健康成长的保证

本章主要列举了教育心理学的几个经典实验，旨在帮助父母与老师，全面地了解养育与教育的本质，了解如何正确地参与孩子的成长，知晓孩子在成长过程中不同阶段的心理、情绪和行为，懂得如何帮助孩子在婴幼儿时期获得安全感和幸福感，同时还要掌握一些学习与记忆的规律，以便于让他们更科学、有效地投入学习中。本章内容以个体教育心理学理论为依据，对孩子成长的各个方面进行全面的分析，对为人父母、教师以及所有关心或者从事教育工作的人，都具有非凡的意义。

陌生人情境实验：人的安全感来自哪里

实验结果： 人的安全感源于原生家庭，尤其是母亲。自婴幼儿时期被母亲善待的孩子拥有安全感，而不被母亲善待的孩子，则会缺乏安全感。

实验过程： 我们的安全感从何处来

生活中，为什么有些人终生都缺乏安全感，这种安全感来自哪里？为何留守儿童的心理健康会成为社会问题？为什么小时候缺爱的人长大后在婚姻和恋爱中也常会遇到波折？……这些问题，都可以在陌生人情境实验中找到答案。

陌生人情境实验，是由美国著名的心理学家玛丽·爱因斯沃斯与他的学生一起设计的，通过观察孩子对陌生人的反应，来观察和评估妈妈与孩子之间的依恋关系，即主要用来研究婴儿在陌生的环境中并与母亲分离后的行为以及情绪上的表现。

玛丽·爱因斯沃斯先是选取了若干个年龄阶段在 12～14 个月的小男孩和小女孩，以及他们各自的妈妈一同参加实验，并且专门安排了由工作人员扮演实验中的“陌生人”。

实验是在一间游戏室里展开的，这个游戏室只有一个门，里面铺有地毯，在地毯上有许多孩子的玩具，包括玩偶、积木、汽车模型等。与此同时，游戏室内会在较为隐蔽的地方安放摄影机，用于全程记录孩子的反应。

实验刚开始时，一位妈妈会带着孩子来到游戏室，妈妈会按照实验要求，先跟孩子在游戏室内一同玩耍和互动，让孩子对这里逐渐熟悉起来。慢慢地，妈妈会逐渐让孩子自己玩耍，自己只是在旁边看着，时不时回应一下孩子；正在孩子玩得开心的时候，那个由女性工作人员扮演的“陌生人”敲门进来了。她进来后，先是与母亲和孩子打招呼，接着跟妈妈友好地交谈，拉拉家常，然后开始跟孩子“套近乎”，并开始用好玩的玩具“诱惑”孩子。

这些工作人员皆是心理学家找来的懂儿童心理学的高手，在与孩子打交道方面有很多方法。就这样，工作人员很快便与这些孩子“混熟了”。而就在孩子开心地与工作人员玩耍时，孩子的妈妈则是悄悄地起身，轻轻地走向游戏室的大门，缓慢地打开门，并轻轻地将门关上，绝不发出一丁点儿声响，只是把孩子“残忍”地“丢”给了工作人员。

自打生下来就没怎么离开过妈妈的这些小幼童，根本无法忍受妈妈离开自己。于是，参加实验的孩子开始展露出他们最真实的一面。有的小孩开始大哭大闹；有的则直接走到游戏室的门前，准备开门去找妈妈；有的小孩看似内心淡定，实则已经很慌乱；而有的孩子则表现得很镇定，妈妈的离开似乎对他们没有产生什么影响。此时，那些工作人员则完全控制住了局面，毕竟他们是儿童心理学方面的专业人士。有的哭闹的孩子，工作人员一哄，情绪便平抚下来了；有的则怎么哄都不行，哭叫声越来越大；而最让人为难的是那些镇定的孩子，工作人员只能在旁边跟孩子“尬聊”或者“尬玩”，孩子则是完全不在意。

一段时间过去了，孩子们的妈妈突然开门，大喊一声：“宝贝，妈妈回来啦！”这时，孩子们的表现则是不同的，有的孩子马上站起来，向妈妈扑过去求拥抱，情绪很快便平复了下来，然后接着玩去了；有的孩子则表现得极为愤怒，似乎在对妈妈表达抱怨：“妈妈呀，你为何才回来？”并且这类孩子想让妈妈抱，却又表现出把妈妈推开的架势，似乎心中在表达：“不能你想走就走，你想回我就回呀，这也太不给面子了”；而有的孩子则对妈妈的回来表现得无动于衷，好像心里在表达：

“妈，回来了！”然后，接着去玩了。

在这里，这个实验还未结束。当孩子跟工作人员玩得正投入时，妈妈再次悄无声息地离开了，这下孩子们的各种表现又在游戏室上演了。同样地，孩子们有的哭闹，有的去找妈妈，有的慌乱，有的镇定。然后，妈妈们又突然开门，表示她回来了，孩子们则又有不同的反应。就这样几个回合后，实验终于结束了。

心理学家根据孩子在妈妈离开前后的态度与反应，将孩子与妈妈之间的情感联系分成了三类：

其一，安全型依恋。这类孩子的典型表现是，当妈妈在场时，他们玩得很嗨，能够充分地放飞自我，自由玩耍，情绪积极且平稳。并且，孩子们会经常跟妈妈对视和微笑，就是那种“确认过眼神”的感觉；当陌生人靠近时，他们能够很快与陌生人相融，对陌生人的反应也比较积极。当妈妈离开时，这种孩子是典型的“淡定派”，表面上没有大哭大闹，但内心会有明显的焦虑情绪，并且表现出苦恼、不安、焦急，并试着寻找妈妈。妈妈回来时，孩子会立即投入妈妈的怀抱之中，之前的焦虑情绪也被一扫而光，接着玩游戏了，好像什么事也未发生过。这种类型的孩子将妈妈视为“安全基地”和“避风港湾”，以妈妈为中心主动去探索环境。据统计，这种类型的孩子占到 65%～70%。

其二，回避型依恋。这类婴儿对妈妈在不在场都表现出无所谓的态度。妈妈离开时，他们并不表示反抗，很少有紧张、不安的表现；当妈妈回来时，也往往不予理会，表示忽略而不是高兴，自己玩自己的。有的也会欢迎妈妈的回来，但时间极为短暂。因此，实际上这类婴儿对妈妈并未形成特别密切的情感联结，所以，有人也把这类婴儿称为无依恋婴儿。这类婴儿约占 20%。

其三，矛盾型依恋。这类婴儿在妈妈要离开前就显得极为警惕，当妈妈离开时则表现出苦恼、反抗的态度，任何一次短暂的分离都会引起他们的大喊大叫。但是当母亲回来时，其对母亲的态度又是极为矛盾的，既寻求母亲的接触，又反抗母亲的接触，当母亲亲近他时，他会生气地拒绝。但是要他重新回去做游戏似乎又不太容易，不时地向母亲这里看。所以这类婴儿称为矛盾型依恋。这类婴儿占 10%～15%。其中，安全型依恋为良好、积极的依恋，而回避型和矛盾型依恋又称为不安全型的依恋，是消极、不良的依恋。

这个研究成果回答了人的安全感产生之源：原生家庭中的父母，尤其是母亲。一个好的母亲，能够无条件给予幼童关怀和爱，就会让幼童与母亲形成安全型依恋。而一个母亲如若无法对婴儿的需求给予回应，并无法给予他们关怀与爱，或者对孩子的关爱表现不够稳定，那就会让幼童与母亲难以形成依恋型的情感联结，回避型依恋和矛盾型依恋就是这样形成的。

实验延伸 1：健康依恋关系的形成，源于父母对儿童无条件的爱

“依恋”这个词本是由英国著名精神分析学家和儿童精神病学家约翰·鲍尔比提出的，由于他在儿童发展心理学理论中的杰出贡献，被世人誉为“依恋理论之父”和“20 世纪最伟大的 100 位心理学家之一”。在鲍尔比看来，依恋是“个体与具有特殊意义的他人形成牢固的情感纽带的倾向，能为个体提供安全和安慰，也就是孩子与养育者之间所形成的稳定牢固情感联系，并且这种情感联结存在着较大的个体差异。为了证明这种差异的存在，鲍比尔的同事玛丽·爱因斯沃斯便做了上述的实验，并得出了以上结论，同时将儿童与母亲的关系分为三种。但是，在这个实验 20 年后，玛丽·爱因斯沃斯的学生又发现了一个之前没有观察到的依恋模型：混乱型，又叫迷失型依恋。当依恋对象不能为婴儿提供安全感，同时也被体验为危险的来源时，就会让孩子陷入茫然混乱的状态，本来儿童先天预设应该是受到惊吓就逃向父母，但如果此时父母也是危险源时，他就被“卡在”是该靠近还是避开父母的矛盾冲突中。

这是一个很难维持的处境，因为儿童对父母的依赖，让他们无处可逃。在一个有关父母虐待婴儿的研究中，有 82%的婴儿被鉴定为混乱型。另一个研究表明，在高危人群样本中，混乱型的概率高到不成比例，大多处于贫困、精神疾病、滥用药物等类似压力源下的家庭中。

这既是对玛丽·爱因斯沃斯结论的补充，同时也告诉我们，那些早期得到父母善待和无条件获得父母爱的儿童，所形成的安全型依恋似乎赋予他们一定程度的心理复原力。相比之下，混乱型依恋从儿童期开始便成为重要的危险因素，边缘性的患者通常具有混乱型依恋的历史，回避型依恋被认为和强迫的、自恋的以及精神分裂样的问题密切相关，而在矛盾型的依恋关系中长大的孩子，有可能会形成歇斯底里型个性或者表演型的性格。

实验延伸 2：原生家庭对自我人格的塑造

陌生人情景实验进一步验证了原生家庭对个体性格的塑造作用。要知道，自我们初来世界，便有了最基本的家庭关系：父亲、母亲与孩子，这也是我们最初的人际关系的构成。这种最初的人际关系对我们一生的影响是巨大的，正是在这份关系的体验中，我们形成了对自我的感知与评价，这份体验是最有可能影响我们的一生，尤其是影响到我们后来的择偶与婚姻关系。

一个婴儿从出生便开始了一场自我认知的革新运动。出生不久的婴儿虽然处于混沌的状态，但他的心灵具有吸收能力，充满了各种发展的可能性。一方面他需要充足的生理营养来保证身体的成长，更需要精细、准确的心理营养来喂养心灵。对来自外界的所有刺激性的信息，婴儿都能够毫无遮拦地吸收，几乎没有任何的防御与保护措施，当然这对于他们来说也意味着危险。如果他们吸收的信息是负面的、冲突的、充满矛盾的，婴儿便可能产生矛盾、消极、不安的自我体验，这种感觉被不加区分地累积起来，形成了自我意象。

我们在生命早期的不同阶段是需要不同的心理营养的，如果被满足了，那么直接可以滋养到我们内心深处的渴望：被爱、被关注、被肯定、被夸赞、被欣赏、安全、自由等。如果没有被满足，我们终其一生都有可能产生一些消极的自我体验，并且在以后的人生中寻寻觅觅，直到获得满足。而且，我们缺失的那部分需要我们加倍地满足才能够弥补回来。

尤其在婴儿出生后的 0～3 个月，需要母亲和父亲去喂养他、帮助他和安慰他。他其实有诸多的需要，但是又不会说话，所以只能够通过哭声来表达，这就需要母亲、父亲等重要的亲人在身边无条件地接纳他，满足他的需要。同时，这些需要持续到整个童年时期，如果父母不能够满足婴儿到童年阶段所需要的无条件接纳，他潜意识中就会对自己产生出“我不被接纳”的体验，可能会导致其终生都会不停地找寻，甚至会将他带入未来的恋爱、婚姻中去找寻，从而给他成长之后的亲密关系带来困扰。

张爱玲是民国才女，才华横溢却个性孤僻。早年的时候，她曾经是上海滩当红的女作家，因为婚姻不幸，晚年漂泊海外，最终孤独离世，其凄凉的一生令人扼腕叹息。实际上，张爱玲人生不幸的根源在于她的原生家庭。

张爱玲出生于上海，其父母因为感情不和，经常吵架，有时还摔东西，这给她带来的是内心安全感的缺失。在她三岁时，母亲便抛下她远走欧洲游学，这也导致了她缺失了母爱。

母亲离开后，她与父亲过着相依为命的生活，父亲纵然有文才，会给她念诗，教她读书，还给她幼稚的作文眉批、总批，而且还将她的作文装订成册。但父亲也是个脾气粗暴之人，动辄就会对她打骂，尤其是她的继母进门后。有时她与继母发生冲突，便会被父亲毒打一顿，还被软禁在黑屋子里。此时的张爱玲恨透了自己了父亲，她寻找机会逃出张府，从此和父亲决裂。这段经历在张爱玲的作品中都有被提及。

离开父亲后，张爱玲曾投奔自己的母亲。后来她在自传体小说《易经》里提到过与母亲有关的情节，小说里写道："母亲回国探视在香港大学读书的琵琶。因为琵琶生活拮据，因此历史老师布雷斯代好心资助了她八百元学费。琵琶把这笔钱全部交给了母亲，但母亲却一下子把这钱输在牌桌上了。而且母亲认为女儿必然时以身体作了交换，便偷窥琵琶入浴的身体，试图发现异状。这件事，使琵琶感到羞辱极了。"

张爱玲笔下的母亲从来不是伟大的形象，而是阴暗自私的。这也从侧面反映出她心目中，母爱的缺失和对母亲的失望，爱得越深，才会生出真正的恨。

很快，张爱玲又一次离开了母亲，在人生绝望之时，她便把所有的感情都倾注到文学作品中，她的作品《封锁》被胡兰成发现，自此两人开始交往。胡兰成被张爱玲的才情所吸引，张爱玲也被胡兰成的成熟所倾倒。那时，张爱玲明知胡兰成有家室，还比自己年长十几岁，但她依然不管不顾地嫁给了他。究其原因是张爱玲在胡兰成身上找到了久违的父爱。胡兰成可以说是她父亲的翻版，都是文采出众，又都是情场浪子。她给胡兰成的照片上这样写道："当她见到他，她变得很低很低，低到尘埃里，但心是欢喜的，从尘埃里开出花来。"在这段爱情里，张爱玲是极为卑微的，她一心爱着胡兰成，把风流成性的胡兰成放在心上，他经常和自己的恩人范秀美出双入对，这让张爱玲很伤心，两人的婚姻走到了尽头。她主动写信给胡兰成解除婚约，并寄上 30 万元稿费，自此两人恩断义绝。

在胡兰成身上寻找的父爱已渐行渐远，孤独的张爱玲又开始在茫茫人海中继续寻觅。

1955 年秋天，张爱玲离开上海，不远万里来到美国，在麦道伟文艺营中结识了德裔作家赖雅。赖雅才华横溢，谈吐幽默，他身上那种成熟、稳健的风格深深地吸引了张爱玲。两人谈人生、谈文学，相见恨晚，越聊越投缘。

半年后，她飞蛾扑火般地嫁给了穷困潦倒的赖雅。当时赖雅 65 岁，张爱玲 36 岁，两人相差近 30 岁。婚后，他们的生活一度陷入困境，年老体衰的赖雅又数度中风，张爱玲不得不跑到香港、台湾写剧本为赖雅赚取医疗费和生活费。后来赖雅摔坏了股骨头，一度瘫痪在床、大小便失禁，张爱玲不离不弃地给予悉心照料，甚至连母亲病危都没去看一眼。

此时的张爱玲又在赖雅身上找到了久违的父爱，她异常珍惜这段情感，不幸的是赖雅瘫痪两年后，还是离开了人世，空留张爱玲一个人回忆他们在一起的日子。

晚年的张爱玲离群索居，独来独往。她不接电话，不开信箱，吃着快餐食品，无论白天黑夜都开着电视和电灯，怕黑怕寂寞却又拒绝尘世间的一切打扰、热闹和烟火，直到离世。

她一生都在找寻童年中缺失的安全感和爱，可始终未能找到。

匈牙利著名心理学家玛格丽特·马勒认为，一个人幼年时期的心理需求（安全感和爱）没有得到满足，她自我的一部分会永远“卡”在那个地方，并在未来的人生中不断地寻求补偿。而张爱玲自小对父母之爱的缺失，让她在成年后极度地渴望获得爱。她找比自己年龄大的男性，便是对爱渴望的表现。在自己的作品中，她也曾经坦露过自己的婚姻观：“我一直想着，男人的年龄应当大十岁或者是十岁以上，我觉得女人应当天真一点，男人应当有经验一点。”面对两位比自己年龄大不少的男人，她付出了自己所有的爱，这种付出也是为了最大限度地获得，尽管她渴望获得的爱最终都化为了泡影，这些都是为了弥补童年缺失的父母之爱。

另外，父母自小对她的态度，让她在心中产生了“我是不被接纳”

的自我意象，正是这种自我意象让她难以与两位男性长久幸福地相处下去，从而不断地重复父母的婚姻悲剧。

作家张德芬老师也说过："在亲密关系中，我们都会无意识地把爱人当成小时候的父母，继续和他完成我们未完成的课题。"这也道出了原生家庭对自我意象的塑造作用。婴儿时期好的经历会塑造出好的性情，而那些充满冲突的、矛盾的、伤害的经历却会暂时被压制在我们的潜意识中，从而在成年之后，影响我们的人际关系，尤其是亲密关系。

恒河猴实验：原生家庭对个人成长的影响

实验结果：人类爱产生之根源，以及原生家庭地个人心理健康的重要影响

实验过程：爱源于三个变量——触摸、运动、玩耍

恒河猴实验被称为心理学史上最伟大，也是最邪恶的实验之一。在 20 世纪 50 年代末，美国著名心理学家哈利·哈洛与他的同事们进行了一个关于爱与关怀意义的心理学试验，哈利·哈洛是提出需求层次理论的著名心理学家马斯洛的老师。试验的过程是这样的：哈利·哈洛与同事们将一只刚出生的婴猴放进一个隔离的笼子中养育，并且在笼子里用两个"假猴子"来替代真母猴。这两个代母猴是分别用铁丝和绒布做成的，实验者在"铁丝母猴"的胸前特别地安置了一个可以提供奶水的像皮奶头。按照哈利·哈洛的说法这就是"一个是柔软、温暖的母亲，一个有着无限耐心、可以 24 小时提供奶水的母亲"。刚开始，婴猴多是围着"铁丝母猴"，但没过几天，令人惊讶的事情便发生了：婴猴只是在饥饿的时候才到"铁丝母猴"那里喝几口奶水，其他更多的时候都是与

“绒布母猴”待在一起。后来，哈利·哈洛与同事们开始在笼子中投掷一些物体，而这只婴猴在遇到这些不熟悉的物体，如一只木制的大蜘蛛的威胁时，便会跑到“绒布母猴”的身边，并且紧紧地抱住它，似乎“绒布母猴”能够给予婴猴更多的安全感。

同时，这个实验还表明，小猴子在冰冷的铁丝妈妈那里获得的是充足的食物，即满足了最基本的生理需求。这是小猴子在实验初一直围着铁丝妈妈的原因。可一旦他最基本的生理需求被满足后，很快就开始追求更高一级的需求：安全感以及依恋感。而这些，绒布妈妈提供的要比铁丝妈妈更好。同时，让人更为惊奇的是，绒布妈妈比铁丝妈妈更能让小猴子产生依恋感和安全感，很明显是因为“触感”这个特征，说得更为详细一点，就是“温暖的触感”。再为深入一些，其实是“相似”。因为绒布的质地和温度都与小猴自身的皮毛极为相似，所以小猴才更愿意亲近绒布做的妈妈。无论是猴子还是人类，总是更为愿意亲近与自己更为相似，而非相去甚远的存在。这源于对孤独天生的一种恐惧。

后来，哈洛从这个“代母养育实验”中体察到了另一些问题：那些由“绒布妈妈”养育的猴子，长大后也出现了一系列问题，即当哈洛把这些猴子放归到正常的猴群当中后，发现它们几乎无法与其他猴子相处。这些猴子显得孤僻、抑郁和自闭，对周围的一切都抱有敌意，不能和其他猴子一起玩耍。

哈洛想到了一个问题：由“绒布妈妈”养育的猴子们具备养育后代的能力吗？于是，哈洛又做了一个实验：繁殖实验，即整日不理睬这些幼猴，除了提供足够的食物之外。哈洛通过实验观察发现：在这种环境中长大的猴子们，公猴都失去了寻偶和交配的能力，而母猴也根本不愿意交配。随后，哈洛又命人将一些交配经验丰富的公猴放进去，而母猴们则是拼命抵抗与公猴交配，以至于将公猴抓得满身是伤不得不认㞞。因此，哈洛又发明了一个“强暴架”，以此固定母猴身体，使公猴能够骑到母猴身上。这个工具果然管用，结果那20只母猴受孕产下了幼猴。最终，可怕的事情发生了：这20只母猴中，有7只脐带剪断后便不再理睬孩子，有8只经常暴力殴打和虐待孩子，有4只更是残忍地杀死了自己的孩子，只有1只母猴笨拙地尝试着给自己的孩子喂奶。也就是说，这些自小就被冷落的猴子，长大后几乎丧失了养育后代的能力。

这是什么原因呢？哈洛思索良久，推测这可能与“运动”有关，于是他又做了一个实验——摇摆实验。他重新改造了“绒布妈妈”，让它可以动可以摇摆。于是，哈洛又把一批婴猴放了进去，让可以摇摆的“绒布妈妈”养育它们，并保证婴猴每天有半小时的时间和真正的猴子一起玩耍。这个实验非常成功，这样哺育长大的猴子，成年后基本都正常了，需要注意的是，这些猴子只能称得上是基本正常。

于是，哈洛得出结论：运动和玩耍是母爱另外两个重要的因素。“只给食物和拥抱，不给孩子充足的运动和玩耍，脑部控制运动和平衡的感官系统，与触觉及运动相连的情感系统等，都会受到非常大的影响，也就是说，脑功能会失常，表现为暴力、幻觉以及精神分裂。”为什么婴儿喜欢父母轻轻摇晃？为什么婴儿喜欢有人逗他玩耍？因为运动和玩耍能够促进脑部的发育。

1958年，在美国心理学会年会上，哈洛做了一个著名的演讲《母爱的本质》。他指出，爱存在三个变量：触摸、运动、玩耍。这个实验在人类亲子关系中也得到了印证：身为一个母亲或父母，如果你能提供爱存在的三种变量，那么就能满足一个灵长类动物的全部需求。这个演讲不仅轰动了整个美国，也颠覆了美国社会的哺婴方式。

在现实生活中，哈洛的实验也得到了一些事实验证。比如“二战”时期孤儿院里的真实情况。“二战”时期，许多婴儿被送到了孤儿院，尽管孤儿院给予了孩子们足够的温饱，但大部分婴儿还是去世了。大家都觉得奇怪，推断婴儿可能是死于细菌或者疾病传染。于是政府规定：

照顾婴儿的修女，要与孩子保持距离，并在婴儿床之间隔上布帘。但情况却并未好转，婴儿依然一个个地死去，只有一个孤儿院除外——其养育的婴儿，死亡率特别低。一位医生悄悄去调查，结果发现这里的修女们违反了规定，她们在每天晚上值班的时候，都会抱起一个个婴儿，进行温柔地轻抚和按摩。事情由此也真相大白：触摸、运动和玩耍才是维持身心健康的灵丹妙药。

另外，德国皇帝腓特烈二世也做过一个残酷的实验，他将很多刚出生的婴儿从父母身边带走，集中在一起，然后由护工专门喂养。这些护工只给予他们充足的食物，跟他们没有任何情感上的互动，即不允许抱他们，甚至于不允许与他们有任何眼神的互动或交流，结果，这些婴儿全部死掉了。斯皮茨在《医院制度》一书中记录了其在育婴堂观察到的现象：那些仅仅获得食物给养的弃婴，由于没能获得养育者的触摸和情感互动，会变得异常安静、孤僻和忧郁，很多婴儿不到一周岁就死亡了，一部分婴儿虽然活了下来，但却难以像正常孩子那样发育，甚至不能坐、立和交谈。担忧母爱过度的心理学家华生在自身孩子身上贯彻了自己的理念，“不要亲吻和拥抱孩子。不要轻易地满足孩子”，结果他的三个孩子都得了抑郁症，大儿子自杀身亡，二女儿也多次自杀，小儿子一直流浪，靠他的施舍才得以生存下去。

实验延伸 1：*在原生家庭获得更多爱的孩子，更容易走向独立*

后来，哈洛还觉得自己做的实验还不够充分，于是在实验的基础上又做了一个实验：旷场实验。他将幼猴放在一个不熟悉的小房间，房间里堆放了很多物品，有积木、毯子、带盖容器、折纸等，都是幼猴喜欢玩弄的东西。然后哈洛设计了三种情况：房间里有铁丝妈妈、房间里仅有“绒布妈妈”，房间里一个妈妈也没有。结果发现，当房间里有“铁丝妈妈”或者没有任何妈妈的时候，幼猴都非常害怕和紧张，它们或是抱着头缩在墙角，或是蜷缩在毯子上，对周围的玩具不理不睬。当房间里有“绒布妈妈”时，幼猴便会立即冲过去，紧紧地抱住“绒布妈妈”。过了一会儿以后，幼猴会把“绒布妈妈”当作安全之源，大着胆子去触碰那些玩具，轻轻摸一下掏一下，然后迅速地返回“绒布妈妈”的怀里，然后又试着去触碰那些玩具，如此循环往复，跟人类孩子一模一样。当哈洛将“绒布妈妈”拿走后，幼猴就会抱头缩在墙角，表现出非常害怕的样子，给再多的玩具也不要。

哈洛由此得出两个结论：一个人的独立并不是靠“孤立”和“狠心”培训出来的。恰恰相反，得到细心呵护、温暖拥抱、及时回应的孩子，反而更容易离开妈妈的怀抱去独立探索，成为更加独立、更能适应社会的大人。

越是得到爱抚和疼爱的孩子，就越会敞开内心，变得开朗。而越是得到关注少的孩子，就越是会封闭自己的内心，漠视周围的环境，孤僻不合群。

实验延伸 2：长期缺乏母爱的结果——敏感、不合群，甚至自残

为了继续探索母爱缺失可能引发的问题，哈洛又做了一个实验——长期缺母实验。

一群小婴猴出生后，哈洛不让它和任何妈妈接触，就让它们孤独地待在笼子里，只是定时给予食物。在小猴“无母”地生活 8 个月之后，哈洛将它放进了拥有“绒布妈妈”和“铁丝妈妈”的房间里。当可怕的发条玩具出现时，这些小猴会作何反应呢？结果它们不会奔向任何一个妈妈，因为它们从来没有跟妈妈相处的经验。它们大都蜷缩着身子，或者四处摇摆，甚至瘫倒在地，然后发出绝望的尖叫声。而更可怕的是，这些小猴长大后，完全无法融入猴群，而且非常胆小、非常惧怕其他猴子，同时具有非常强的自残性和攻击性。当其他猴子欺负它们时，它们就开始自残，撕扯自己的毛，咬自己的胳膊和腿。

随后，哈洛继续做更为细致的实验，通过实验他发现：幼猴在出生

后，一旦跟母亲分离超过 90 天，这种伤害无法弥补，即便此后再跟母亲或其他伙伴相处，也永远无法成长为正常的猴子，因为某个“关键期”被错过了。一旦错过，那扇门就被永远地关闭了，情感纽带便再也无法建立。于是哈洛得出了结论：孩子出生之后的 6 个月，是建立良好母爱最重要的时期。

为什么是 6 个月呢？因为小猴的 60 天，差不多就是人类的 6 个月。哈洛这样总结道：“孩子出生后，父母特别是母亲，要避免与孩子长期分离，长期分离会对孩子造成巨大的伤害。”哈洛还提出了一个建议：人类的产假起码要有六个月。

在这种极为冷漠的环境中，这只猴子长大之后有着怎样的个性特点呢？

未曾获得足够爱与呵护的小猴，首先会感到恐惧。在笼子里，只要他稍微听到一点声音，便会立即竖起猴毛，惊慌失措。其次是性格极为敏感、易怒，跟其他的小猴子在一起的时候，甚至会出现暴力倾向也会感到孤僻和不合群。在这种“病态”环境中长大的这只小猴子后来也生了自己的“小猴子”，但它在生下小猴后，也会采取不理不睬的冷漠方式对自己的“孩子”。同时，将成年后的猴子放进猴群中，它则不断地流露出恐惧、仇恨、逃避的眼神，有时候还带着乞求，并且会小心翼翼地去接近群猴。

在现实的育儿过程中，很多父母都认为，孩子年纪小，不懂事，没记忆。殊不知，孩子在幼年期，如果没有获得足够的触摸，父母没有足够的时间陪他们一起运动和玩耍，长大后往往性格更为内向、不合群、抗压能力差，自我价值认定低，社交能力比较弱，甚至还会抑郁、自闭、自残和充满攻击性。

“不能让孩子输在起跑线上！”是当下很多父母的共识，殊不知，孩子真正的起跑线其实是在婴儿时期。

波波玩偶实验：是什么在影响孩子的行为

实验结果： 学习是在观察和与其他人交往之中形成的

实验过程： 孩子的攻击性，源于对成人的模仿

当儿童看到周围的人或者影视作品中的暴力事件，会不会导致孩子私下里模仿？一个平时表现良好的孩子，突然开始对别人动手，被质问时他却说：“我看电视里的ＸＸ就是这样做的啊！”……面对此类问题，美国著名的心理学家阿尔波特·班杜拉就于 1961 年展开了相关研究，为此，他进行了一个心理学实验叫作波波玩偶实验，为了弄清楚儿童是如何学会攻击性的行为方式的。实验过程是这样的：

阿尔波特·班杜拉在斯坦福大学幼儿园中随机选取了 72 位孩童，年龄在 3～6 岁，平均年龄是 4 岁零 4 个月，其中有 36 位是男孩，36 位是女孩。心理学家将这些孩子分为 8 个实验组。而且在这些参与实验的孩子中，24 位被安排在实验对照组，其他的被分为两组，每组 24 人。其中一组去观察攻击性行为成人模特，另外 24 位儿童观察非攻击性成人模特。最后，又将这些孩子分为男孩和女孩两个组，在每一组中有一半是观察过同性成人模特的，另一半是观察过异性成人模特的。

另外，在试验之前，班杜拉曾对这些孩子的攻击性做了评估，每个组参与实验孩子的攻击性平均是大体相等的。

在试验开始时，班杜拉将这个儿童置于两组不同的成人模特当中，其中一组是具有极强攻击性的模特，而另一组则是毫无攻击性的模特。儿童在与成人相处一段时间后，并观察了成人的行为之后，让他们进入一个没有模特的房间，观察他们是否会模仿先前见到的模特的行为。

对此，班杜拉事先便预言会有几件事情发生：

1. 观察到成人模型攻击性行为的儿童，即便没有成人模特在场，也会出现攻击性行为；

2. 观察到非攻击性行为模特的儿童要比另一组少得多，观察非攻击性模特的一组也要比对照组的攻击性行为少得多。

3. 儿童模仿同性行为比模仿异性行为要多得多。

4. 男孩的攻击性要比女孩强。

当然，在试验过程中，每个儿童都保证不会受到其他儿童的影响。孩子们被带进一个游戏室，在那里模特展示出不同的行为。实验员把一个成人模特带进房间，让他（她）坐在凳子上，然后参与孩子们的活动。10 分钟过后，让他们开始玩一套套零件玩具。在非攻击性一组中，在整个过程中只是摆弄玩具，完全忽视了波波玩偶。在攻击性一组，成人模特则猛烈地攻击波波玩偶。

"成人模特把波波玩偶放倒在地上，骑在上面，猛击它的鼻子。模特又把波波玩偶举起来，拿起锤子敲打它的头部。敲完之后，模特猛烈地在空中摔打玩偶，在房间内把它踢来踢去。这一攻击性行为连着重复三次，其间还夹杂着攻击性的语言。"

除了对玩偶的身体的攻击外，成人模特还有语言的攻击，如"踢死它""尿包软蛋"，成人模特也附加有非攻击性的词语："这是个强硬的家伙""它还会回来的"。

10 分钟之后，孩子们被带进另一个房间，那里摆放着一些吸引人的玩具，其中包括一套洋娃娃、消防车模型和飞机模型等。但是孩子们被告知，不允许去玩这些有人的玩具，目的是让儿童产生一种挫折感。

最终，每个儿童分别被带进最后一个实验室。这间房子里有几样"攻击性"玩具，包括一把锤子，一个用链子吊起来的球，球面涂成脸庞形状，还有标枪，当然还有波波玩偶。房间里也有一些非攻击性的玩具，包括蜡笔、纸张、洋娃娃、塑料动物和卡车模型。孩子们被允许在这个房间里玩 20 分钟，实验的评价人从镜子里观察每个孩子的行为，并给出每个孩子攻击性行为的等级。

这一实验证实了班杜拉预言中的三个。

其一，成人模特不在场的时候，观察暴力行为一组的孩子们的倾向是模仿他们所看到的行为。

其二，班杜拉和他的同事们也预言观察非暴力行为的一组孩子们会被比照对照组的攻击性行为弱一些。结果显示无论性别，这一组的孩子们都展现出比对照组孩子攻击级别低一点。其中观察异性模特的男孩的攻击行为似乎要比对照组稍微强一点。

其三，无论被观察的模特是同性还是异性，孩子们性别上的差异是极为重要的。研究者们对语言做出了修改，男孩比女孩的攻击性要强。男孩的攻击行为要比女孩高出一倍，观察到成人模型攻击性行为的儿童，即便没有成人模特在场，也会出现攻击性行为。

波波玩偶实验的结果与班杜拉的社会学习理论是一致的。班杜拉和同事们认为，他们的试验揭示了特定的行为是如何通过观察和模仿而形成的。实验人员指出“社会行为的模仿可能是在模仿中简化或走捷径，没有按照斯金纳逐次逼近法则去做”。

按照班杜拉的意见，是成人的暴力行为引导了儿童的暴力行为，这一点是可以采纳的。他还说，实验结果证明，儿童更倾向于对未来的攻击性受到挫败而做出反应。在此后的 1965 年所作的另一个实验中，班杜拉发现，当成人模特对他们的行为表示赞赏时儿童就更喜欢模仿攻击行为，而当他们看到成人模特因他们的疯狂行为受到惩罚或者谴责时，儿童的模仿就会少一些。

实验延伸：父母的行为对孩子起示范作用

阿尔波特 · 班杜拉的实验表明，儿童的行为大都是从大人那里模仿来的，所以，其周围的成人行为对儿童的成长起着极为关键的作用。而在平时生活中，父母是儿童生命中最先接触的成人，所以，父母的行为对孩子起着极为重要的影响。对此，苏联著名教育实践家和教育理论家苏霍姆林斯基曾说："父母是孩子的第一任老师！"父母的行为对孩子起示范带头作用，所以，一定要在孩子面前注意自己的一言一行。

静止脸实验：婴儿也有社交，也懂妈妈的情绪

实验结果：任何阶段的婴儿，都需要与人有互动。

实验过程：再小的婴儿也需要社交

在现实生活中，很多父母，尤其是母亲在带宝宝的时候，孩子有时会哭，而此时多数父母会认为，那么小的孩子什么也不懂，便漠视他的哭闹，认为他只要哭累了，就不会再哭了。实际上，再小的婴儿也需要与人进行互动和交流。对此，曼彻斯特大学的心理学教授埃德·特洛尼做过一个非常有名的静止脸实验，证明了此观点。其实验内容如下：

在静止脸的试验中，刚开始，妈妈坐下，与1岁左右的孩子玩耍。她和宝宝打招呼，宝宝给妈妈以反馈。宝宝随便指不同的地方，妈妈顺着看，给他以鼓励，与他交流。不同的表情变化以最大可能地配合宝宝的意图，宝宝脸上露出喜悦的表情，很显然他很喜欢这样的交流。

紧接着，妈妈开始静止，即实验者不让妈妈对宝宝做任何的情绪反馈，面无表情，持续了一会儿，宝宝发现了不对劲，开始想办法引起妈妈的注意。宝宝继续开始尝试让妈妈与自己互动，并且使出吃奶的劲让妈妈回来。他对着妈妈笑，指向远方，之前妈妈都会顺着他手指的方向看，但妈妈仍旧面无表情。不到2分钟，宝宝没有得到正常反馈，表现

出了负面情绪，转身到处看，感觉到巨大的压力。最后，孩子开始崩溃哭泣。

通过实验测试得出结论，在母亲对孩子毫无反应的这段时间，他的心跳加速，体内压力激素增加，如果持续下去，他大脑关键部位的细胞可能死亡。

实验结束后，妈妈赶紧开始说话了，宝宝稳定下来。这种情况被分成了三种情形：好的、坏的、最糟糕的。

好的：就是正常的我们对待孩子的方式，日常生活中总会有一些事情发生在我们孩子的身上，但那些都是正常的事情，我们都是这么对我们的孩子的，都是这么做的，偶尔的心情不好不会影响孩子的成长。

坏的：就是当有些不好的事情发生时，婴儿无法自己克服这些情况，但是当婴儿崩溃的时候，妈妈积极反馈，然后继续和宝宝玩。宝宝在和妈妈的互动中度过了这样一段情绪与社交危机。

最糟糕的：就是你一直漠视宝宝的哭声，认为他哭累了就不会哭了。你没有给宝宝任何机会让宝宝再回到好的情境中，没有修复的机会，他们不会有什么变化，他们就卡在那个糟糕的情境中了。

最后，此实验实施者埃德·特洛尼说："婴儿和所有人类一样，天生需要与他人互动，当我在八十年代第一次做这个实验的时候，都不知道与他人链接对孩子来说有多么地重要，也不知道当婴儿不能与他人产生链接的时候，消极影响有多大。"

这个实验告诉我们，关系是我们生活的核心。而妈妈与孩子的关系是最初的关系，也是最重要的关系，是我们整个生命的雏形。我们需要彼此，也希望在彼此的眼神中看见自己。

实验延伸：爱是回应，是看见，是链接

静止脸实验告诉我们，即便是最小的婴儿，也需要与人产生关系的链接，所以，身为父母，一定不要错误地认为婴儿什么都不懂，所以在

他哭闹时对其置之不理，而是应该及时地对他们的哭闹进行回应。同时，在孩子的任何成长阶段，都应该给予他们充分的关注。

在生活中，一些孩子在成长过程中，有的父母为了教育孩子听话，会采取关孩子禁闭或将孩子锁在门外的方式以惩罚他们，这种方式是极为不可取的。怀特是一位教育工作者，他经常与朋友谈及他上幼儿园时的一段经历：因为调皮捣蛋被爸爸关到门外，情绪特别崩溃，有被遗弃的无助，还有怎么哭喊都没有回应的惊慌。那种感觉他记得特别清楚，以至于后来再被丢出门外，他已经完全麻木了，再也无法建立起跟父母之间的信任关系。在孩子幼年时期，教育孩子是没错的，给孩子立规矩也没问题，但是一定要注意方式和方法，切勿用极为粗暴的方式去打破孩子建立起健康、积极的关系，以使他们在未来能更好地去应对人生中的多元关系。

另外，静止实验还告诉我们，平时所说的高情商就是要懂得与他人建立链接，拥有共情力，能够时时地感受对方的感受，真正地接纳对方的一切。正如心理学家武志红所说："真正的爱是什么，是回应，是看见，是链接。作为一个能量体，我们犹如一个章鱼，会不断地伸出自己的触角，如果这个能量的触角被接住和看见，它就得到了祝福，而会变成生的能量。如果没有被看见，而是被拒绝与忽略，那么它就会变成黑色的、破坏性的、死的能量。如果一个人整体上觉得自己是被拒绝被忽略的，那么不管他外在看上去是一个什么样的人，他的内心，或者说是真自我，都充满了破坏欲。"而一个人的高情商，就是时时懂得去接住和看见别人的能量触角，能为对方带来如沐春风的感觉。《重启》的作者在书中说："安慰一个哭泣的人，最好的方式不是说'不要哭，你应该……'，而是说'你一定很痛苦吧，想哭就哭吧'，或者'如果我是你，我也会哭'。"这种安慰方法，是共情力的重要体现，后者给人一种自己内心的悲伤被看到的感觉，并且以一种鼓励的方式，让对方的情绪得以自由流露；而前者给人一种悲伤情绪被“禁止”的感觉，是因为对方的悲伤情绪没有被“看见”的结果。

晓枫说：“我2岁的儿子有一天生气了，坐在客厅的沙发里，愤怒地哇哇叫。我握起他的两个小拳头放在一起亲了一下，然后他恢复平静的速度比平时都要快。”

张岚说：“我12岁的女儿正值青春叛逆期，我们经常因为学习的问题而发生争吵。有一次我让她去写作业，几次催促都未见她行动。于是就大声地向她吼，她却急得跳脚，朝我大喊大叫，一会儿竟然哭了起来……这时的我觉得自己的行为有不妥之处，顿时收起锋芒，变得平静起来，张开双臂将她抱住，她立即也软了下来，依偎在我怀里。事后，我问她为什么一下子变得温顺起来了，她说，你一张开胳膊，我就觉得你是爱我的，我内在的‘愤怒小孩’一下子被制服了。”

刘晓说：“老公最近因为工作压力大，回到家总是阴着脸不高兴的样子。刚开始看到这样，我总是埋怨他为什么总把工作上的负面情绪带回家，接着便会发生激烈的争吵……后来，我改变了策略：每天到家看到他不高兴时，我的第一反应就是伸开双臂抱抱他或者让孩子兴奋地跑到门口寻求他的拥抱，每次做完这些亲人间相互拥抱的动作，他的负面情绪便很快烟消云散……”

人本主义心理学家罗杰斯说：“爱，就是深深的理解与接纳!”而理解与接纳，就是高情商的深层冷色的体现方式，而拥抱则是理解与接纳的具体表现形式。当一个人处于负面情绪中时，拥抱意味着爱，更意味着其内在的负面情绪被“看见”。所以，生活中，无论是谁，伤心的时候，不用给对方过多地讲道理，只需要静静地倾听，然后再伸出双手去抱抱他，他就好了。即便是刚发生冲突的两个亲人，如果一方想要与另一方达成和解，不要去与对方争论对错，只需要一方敞开双手去拥抱另一方，其内在的愤怒就会消解，关系便能得以缓解。这是因为其另一方的负面情绪被“看见”，所以其内在的情绪得以自由地流淌起来了。

知名心理学学者乔拉米卡利说：“只有当我们能够真正理解他人的感受时，我们的内心才将收获一直寻觅的融洽的幸福。”对于我们而言，共情是一个人能够理解另一个人的独特经历，并对此做出反应的能力。共情能够让一个人对另一个人产生同情心理，并做出利他主义的行为。当你对他人表现出共情时，他们的防范意识就会下降，积极的能量便会被取而代之。

双生子爬梯实验：学习是有前提条件的

实验结果：成熟是推动儿童发展的主要动力，这里的成熟主要指生理上的

实验过程：任何一项训练或教育内容针对某个特定的受训对象，都存在一个“最佳教育期”！

阿诺德·格塞尔是美国著名的心理学家和儿科医生，并拥有儿科方面的医学博士学位，他既是儿童发展心理学研究领域的先驱之一，也是发展心理学中“遗传决定论”的代表人物。他与同事通过研究了儿童的神经运动发展，提出了极为著名的“成熟势力说”，认为儿童发展是受先天不变的遗传所决定的，成熟才是推动儿童发展的主要动力。

阿诺德·格塞尔博士深知科学实验讲究“控制变量”，但是在实际生活中，人与人之间的基因与成长环境是千差万别的，科学家根本没有办法把人当成小白鼠一样，将他们放在实验室里进行监控和观察。但为了完成自己的研究成果，阿诺德·格塞尔博士选择了双生子进行研究，

因为在他看来，双生子，即为双胞胎是帮助我们了解基因和环境对人的影响的重要方式。因为双生子在生理学、遗传学、医学与心理学等学科研究上具有极高的价值，通常用来研究不同环境与不同基因组成对研究要素所造成的影响。

当然，双生子研究又分为“同卵双生子”研究和“异卵双生子”研究两种范式。同卵双生子是由同一受精卵分裂而来，有接近 100%相同的遗传基因。如果将同卵双生子的两个人作为研究对象，发现他们在长大后，其中某些特征不同，比如智力、性格、情绪等，就可以认为是由环境的不同因素造成的，这里的“环境”主要指家庭、学校、社区、父母教育风格等。而“异卵双生子”是指由两个受精卵发展而成，仅有 50%的基因是共有的。如果异卵双生子作为研究对象，让他们俩从小就在相同的环境中，他们在长大之后，其中某种特征不同，就可以认为是两个人之间的遗传而造成的差异。为此，阿诺德·格塞尔博士便选择了同卵双生子，以此来通过心理学实验研究生理成熟与学习哪一个是促进儿童心理发展的决定性因素。

接下来，阿诺德·格塞尔博士选择了两名未满 12 个月的同卵双生子为研究对象，让他们两个小家伙去爬楼梯。因为是同卵双生子，所以，他们的身高、体重、健康状况都一样。让哥哥在出生后的第 48 周开始学习爬楼梯，而 48 周的小孩则刚刚学会站立，或者仅仅会摇摇晃晃勉强地走，格塞尔每天让这个孩子训练 15 分钟，中间经历了诸多的跌倒、哭闹、爬起的过程，终于，这个孩子在艰苦训练了 6 周后，也就是到了孩子 54 周的时候，终于能够自己独立爬楼梯了。双胞胎中的弟弟，基础情况跟哥哥完全一样，不过格塞尔让他在 52 周的时候才开始练习爬楼梯，这时的孩子走路姿势已经比较稳定了，腿部肌肉的力量也比哥哥刚开始练习的时候更加有力，并且他每天看着哥哥训练，自己也一直跃跃欲试，结果，同样的训练强度和内容，他只用了 2 周便能独立地爬楼梯了，并且还总想跟哥哥比个高低。一个是从 48 周开始，练习了 6 周，到了 54 周学会了爬楼梯；另一个是从 52 周开始，练习了 2 周，也就是在 54 周时学会了。后学的尽管用时短，但效果不差，而且具有更强的继续学习的意愿。格塞尔原本以为这只是个偶然现象，于是他就换了另一对双生子，随后出现了类似的结果，即孩子在第 52 周左右，学习爬楼梯的效果最佳，能够用最短的时间达成最佳的训练效果。

在此后的几年，格塞尔又对其他年龄段的孩子在其他学习领域进行了试验，比如识字、穿衣、使用刀叉、玩积木、学习词语、数字记忆等。他发现，无论在哪个方面，受训练的儿童在一段时间内虽然超过没受训练的儿童，但达到某个年龄段后，一旦给没受过训练的儿童做同样的训练，没受过训练的儿童马上就会赶上或者超过受过训练的儿童。据此，格塞尔指出，儿童的学习取决于生理上的成熟，没有足够的成熟就没有真正的发展，而学习只是对发展起一种促进作用。

实验延伸：超前教育，毫无实际意义

当下社会竞争异常激烈，许多早教机构异常火爆，有的父母为了不让孩子输在起跑线上，便不惜花费重金去参与早教培训。实际上，根据格塞尔的实验研究，那些所谓的能提高孩子智商和认知能力的早教内容，基本对开发智力没什么用。而唯一有用的，就是早教机构给家长营造了一个集中时间跟孩子一起玩耍的机会，家长相当于花重金购买了一段跟孩子相处的时间，在早教老师的安排下，跟孩子进行有规律的亲子互动。父母永远是孩子最好的老师，孩子真正的发展与成长，是在与父母互动的关系中实现的。

格塞尔根据自己的一系列研究成果，提出了“成熟势力理论”，认为孩子的成熟与发展有其自身的规律，这个规律就像“刻度表”一样，生理结构成熟到什么程度，就具备了发展出什么样能力的可能性，而环

境和教育仅起到一直引发的作用，无法改变“刻度表”上本身的数值。

也就是说，儿童在生理未成熟之前，一直处于学习的准备状态，这个准备状态实际上就是生理机制由不成熟向成熟过渡的阶段。这时，成人应该等待儿童达到对未来学习产生接受能力的水平，超前学习从效果上来看，没有实际意义。

苛勒黑猩猩实验：领悟是学习的本质

实验结果：学习是个体利用自身的智慧与理解对情境及情境与自身的关系的顿悟，并不是动作的积累或者盲目的尝试。

实验过程：人是在不断地试错过程中顿悟的

德国心理学家苛勒是格式塔心理学的主要创始人之一，格式塔心理学也称完形心理学，是诞生于美国的心理学派，主要研究人的意识与行为，强调经验和行为的整体性，认为整体不等于并且大于部分之和。他做过一个著名的猩猩取香蕉的实验。实验过程是这样的：

苛勒在一间空屋子的顶上挂上了香蕉，并将一只叫萨尔顿的猩猩放在屋子里。萨尔顿是一只雄性猩猩，整个上午什么东西都没吃，已经饿极了。饲养员带着它来到一个房间，天花板上面吊着一串香蕉，但是它却够不到。萨尔顿对着香蕉又蹿又跳，一直发出不满的吼叫声。在距离香蕉不远的地上，它发现一根较短的棍子和一只很大的箱子，它拿起棍子试图将香蕉打下来，可还是够不到。萨尔顿变得越来越愤怒，突然间，它直奔箱子，将箱子放在香蕉的下面，爬上去，轻轻一跃便顺利地够到了香蕉。

几天之后，苛勒又进行了第二次实验，这次香蕉被挂的更高，而且不再有棍子，但是这次屋内放有两个箱子，一个比另一个稍大一些。萨尔顿自以为知道自己该怎么做，它把大箱子搬到香蕉的下面，爬上去，准备跳起来，但是香蕉挂的实在太高了，根本够不到。接下来，萨尔顿着急地抱着小箱子满屋子乱转，愤怒地吼叫着，还踢着墙壁。显然，它并没有想到将两个箱子叠加起来，只是把箱子当出气筒。

一会儿，它竟然停止了吼叫和愤怒，将稍小的箱子放到大箱子上面，然后爬上去，成功地够到香蕉了。

在随后的几年时间，苛勒针对此做了一系列的实验以对黑猩猩的智力进行研究，并且在这期间，他设立了诸多不同的难题让黑猩猩解决，黑猩猩似乎总能够时不时地突然在节骨眼儿上想出解决问题的办法。苛勒对此解释说道，这是猩猩在脑海中对形势的重塑，他将这种突然的发现叫作“顿悟”。通过这些研究苛勒发现，猩猩不是通过尝试错误的方法来学习如何拿到香蕉的，而是突然学会如何解决问题的。

苛勒认为，用“知觉重组”可以解释这种学习。猩猩突然发现了箱子与香蕉之间的关系，它在认知结构中将已有的知识经验进行重新组合的过程，因而找到了解决问题的新方法。苛勒把这种学习叫作顿悟，这是学习的本质。

当然，苛勒认为顿悟的产生是有条件的，首先，它取决于当时的情景，当前情景较易觉察时，易产生，且会重复出现，还可以迁移到新的情境。其次，它需要一定量的积累、外界情境的刺激等共同作用。因为它与自身的体验紧密相关，如果能有一个积极的环境，容易自动触发。最后，思考的过程越长越深入，越容易产生。

实验延伸：学习的真谛在于经验的积累

苛勒的实验告诉我们，顿悟固然会出现错误，但人就是在不断的尝试中，发现错误，提出假设，验证假设最终直到问题的解决。

另外，顿悟学习需要一定的知识经验。我们发现对于熟悉的事物我们往往反应极快，但是不熟悉的事物，我们往往需要更多的时间，老师和学生同时做一道难题，老师肯定做的比学生快，因为老师的知识储备比学生多，即便是遇到新的难题，老师也会更快地结合以往的知识经验并积极与新的情境相结合，从而解决问题。所以我们要努力形成自己的知识组块。

社会的发展经历了无数次变革，每一次的发展都与顿悟有关。例如索尼公司由收音机发明了随身听；符拉迪斯拉夫·伯罗用一个小球替代了钢笔笔尖，发明了圆珠笔；克拉伦斯·伯德埃在加拿大的北极圈中看见冰冻的鱼后就想到用冰冻食品替代罐头食品，从而开创了冰冻食品工业，等等。

心理学中的“顿悟”是指问题求解的心理过程。心理学认为，人的基本认知能力是高度技能化的。正是这些认知技能的存在，使得我们可以流畅地感知世界，熟练地使用语言和各种工具。

顿悟是将现有的知识结构打破，重新建立一个，例如把“加减”不再看作“加减”。最近的一些心理研究表明，在较大压力的环境下，人们会墨守成规，不易产生顿悟；而在较为轻松的环境下，顿悟就易涌现。所以，一个轻松愉悦的学习、工作环境有利于创造性思维。

强化理论实验：激励对学习的正反馈效应

实验结果：人们可以用这种正强化或负强化的办法来影响行为的后果，从而修正其行为，这就是强化理论，也叫作行为修正理论。

实验过程：只要能获得激励，什么都能学得会

斯金纳是美国著名的心理学家，他也是新行为主义心理学的创始人之一。他的强化理论心理学实验，是在他自己设计的一种动物实验仪器，也就是在著名的斯金纳箱中进行的。斯金纳先在箱内放进一只白鼠，并设一杠杆或者键，箱子的构造尽可能在排除一切的外部刺激。白鼠可以在箱内自由地活动，当它们压杠杆时，就会有一团食物掉进箱子下方的盘中，这时白鼠就能够顺利地吃到食物。箱外设一装置记录下动物的动作。

实验情境1：行为与奖励。

将一只饥饿的小白鼠放入斯金纳箱中，每次小白鼠按下按钮，则掉落食物。一段时间后，小白鼠自发学会了按按钮；

实验情境2：行为与惩罚。

将一只小白鼠放入斯金纳箱中，每次小白鼠按下按钮，则箱子就会通电。一段时间后，小白鼠学会了按按钮。

实验情境3：固定时间奖励。

将一只饥饿的小白鼠放入斯金纳箱中，由一开始的一直掉落食物，逐渐地降低到每1分钟后，按下按钮可掉落食物。结果：小白鼠一开始不停地按按钮。一段时间后，小白鼠学会了间隔1分钟按一次按钮。

实验情境4：随机不固定式的奖励。

将一只饥饿的小白鼠放入斯金纳箱中，多次按下按钮，概率性地掉落食物。一段时间后，小白鼠学会了不停地按按钮。

实验情境5："迷信"的小白鼠。

把给白鼠喂食的方式改为不是按压杠杆引发，而是每隔15秒固定送食一次，那么，小白鼠在首次喂食之前的偶然动作就会形成"迷信"。如果白鼠正在作揖，它就会在此后不断作揖以求得食物；如果白鼠正在嗅通气孔，它则会不断地通过嗅通气孔求得食物。一段时间后，这些小白鼠中有很多竟然培养出了许多奇特的行为习惯，比如撞箱子、作揖、转圈跳舞等。

斯金纳通过这个实验发现，动物的学习行为是随着一个起强化作用的刺激而发生的。这就是操作性条件的反射。后来，斯金纳又将动物的学习行为推而广之到人类的学习行为上，他认为虽然人类学习行为的性质比动物要复杂得多，但也要通过操作性条件的反射。

在斯金纳看来，操作性条件反射是有其自身特点的，即指强化刺激既不与反应同时发生，又不先于反应，而是随着反应发生。有机体必须先做出所希望的反应，然后得到"报酬"，即强化刺激，使这种反应得到强化。比如，孩子偶尔地叫一声"妈妈"，这时妈妈如果能报以微笑和爱抚，于是孩子便学会了叫"妈妈"；一个孩子每做一件助人为乐的好事，就会得到大人的关注和赞扬，那么这个孩子必定会持续性地助人为乐……在斯金纳看来，人的一切行为几乎都是操作性强化的结果，人们有可能通过强化作用的影响去改变别人的反应。在教学方面教师充当学生行为的设计师和建筑师，把学习目标分解成很多小任务并且一个一个地予以强化，学生通过操作性条件反射逐步完成学习任务。

同时，还得出了另一个心理学概念：操作性行为的维持。这里的维持就是行为的保持。操作性条件作用形成以后，为了永久保持所获得的行为，应当逐渐地减少强化的频次，或者使强化变得不可预测。

比如：一位学生每次答对一个问题，老师都给予表扬。根据维持原则，如果逐渐增加解答题数才给予表扬，并且以随机的时间间隔给予表扬，那么他就可能在老师没有给予强化或给予很小的强化的情况下，仍能够长时间地去努力，争取解答对问题。

还有关于“操作性行为消退”的规律。即指，如果一个已经通过条件化而增强的操作性行为发生之后，没有强化刺激物出现，它的力量就会减弱。行为消退的关键也在于强化。

比如，一个孩子因为考取了好成绩而未获得家长的关注和表扬，那么这个孩子也会放弃继续他的“良好表现”。

这里需要注意的是，斯金纳的实验属于条件反射，而巴甫洛夫所做的实验也属于条件反射，但两者是完全不同的，其两者的不同之处在于：

1. 在斯金纳箱中的被试动物是可以自由活动的，而不是被绑在架子上面；

2. 被试动物的反应不是由已知的某种刺激物引起的，人为的操作性行为（压杠杆或啄键）是获得强化刺激（获得食物）的手段；

3. 动物的反应不是唾液腺的活动，而是骨骼肌的活动；

4. 实验的目的不是揭示大脑皮层活动的规律，而是为了表明刺激与反应的关系，从而有效地控制有机体的行为。

实验延伸：人的很多行为取决于外界的刺激

斯金纳的强化理论在日常生活中有着极为广泛的应用，不仅普遍适用于家庭或学校教育中，而且在职场管理学中也经常发挥着作用。在斯金纳的理论中，“强化”作用贯穿其中，人之所以发生各种行为的变化，是因为强化作用，所以说，生活中，对强化的控制，即是对他人行为的控制。

比如，在教育活动中，你想让一个孩子努力学习，取得好成绩，身为家长或老师，就必须给其施加“强化”作用。比如，孩子喜欢打游戏，家长就可以给孩子定规矩：只要取得优异的成绩，就奖励他一台游戏币。在这种奖赏的激励之下，孩子的成绩自然会得到提升，这便是正向的刺激。同时，你也可以使用惩罚机制，如果他对学习懈怠，就剥夺他玩游戏的时间，这便是消极性的强化，在这种刺激中，孩子会为了躲避惩罚，而努力学习……

比如，在职场管理中，领导者多会利用正向强化来激发员工的工作积极性，用消极性的强化来规范他们的行为。因为相比惩罚性的措施，多数员工都喜欢奖励性的正向强化刺激。比如，每当员工有好的表现时，就给予赞许或者必要的物质奖励，员工会再用好的表现来换取下一次的称赞或者奖励。同时，为了规范员工的行为，就给他们不喜欢的刺激，以降低他们不好的行为。比如员工出现不佳的表现时，就给予责难或处分，员工就会规范自己的行为，避免不好的行为，以避免下次的惩罚、责难或处分。另外，管理者还会采取降低给予员工喜欢的刺激，以减少他们自以为好但其实不好的行为。比如员工在会议中瞎扯一些无关会议议题的闲事时，其会期望管理者有热烈的反应，但当管理者不理会他们的这一行为时，该员工就会降低这种自讨没趣的行为。

雷珀实验：奖励的功效也是有限的

实验结果：外在的物质奖励不能从根本上调动人的主观能动性。

实验过程：兴趣才能从根本上调动人的主观能动性

著名的心理学家雷珀到一个学校挑选出一些对绘画有兴趣的孩子，将他们分为两个实验组：他对第一组的孩子许诺说：“如果你们画得好，老师就给你们发奖品。”对第二组的孩子说：“我很想看看你们的画，我喜欢你们画画。”两个组的孩子都高兴地画了起来。结果，第一组获得了奖品，第二组得到了具体的奖品。

而三个星期过去了，雷珀发现，第一组的孩子对绘画的兴趣开始降低了，大多数都不愿意再画；而第二组的孩子则和以前一样喜欢绘画。后来，心理学家将这个实验搬到了其他国家，并且在不同的兴趣组做过多次实验和论证，结果都是相同的。

为此，心理学家得出结论：在调动孩子的内在动机、自觉性和持久兴趣方面，奖励的功能是十分有限的。奖励固然能够强化孩子的良好行为，但是奖励有可能掩盖了孩子的关注点，即孩子做某件事情有可能只是对奖励感兴趣，而对事情本身的兴趣并没有培养出来。

实验延伸：兴趣的培养是关键

雷珀实验告诉我们，外在的奖励不足以调动孩子的内在动力。实际上，只有兴趣才是调动个人积极性的主要因素。正如爱因斯坦所说："兴趣是最好的老师。"只有兴趣才能激发出一个人的热忱，才能让一个人对某项事业达到狂热程度的一种态度。一旦一个人对某件事有了兴趣，激发了其内在的热忱，就会在其遇到困难、梦想摇摇欲坠的时候，它能够让你有足够的信心再次坚持下去。当周围的人在大声喊叫"不，你做不了"的时候，它就会轻轻地在你耳边对你说："我早晚能够做到！"所以，兴趣才是激发人的主观能动性，让人焕发出热情的主要因素，外在的激励只能暂时调动人的主观能动性。

戴尔电脑的创始人迈克尔·戴尔的成功就是凭着自己对工作的兴趣。他这样说道："正是对工作的兴趣，我经常将自己置于'走火入魔'的工作境界，在这种境界中能焕发出巨大的个人潜能，这不仅让我成为世界五百强公司中的一员，也让我自己日后的事业蒸蒸日上！"

戴尔在奥斯汀市的得克萨斯大学读书时，就对做生意极感兴趣。所以，那时候的他就很用心地搜寻机会，想在商场上大展拳脚。后来，他发现很多大学生都想拥有自己的一台电脑，但是因为价格昂贵而买不起。这时，戴尔就心想：其实电脑经销商的经营成本并不高，为什么要让他们赚那么厚的利润？为什么不由制造商直接卖给用户呢？

于是，戴尔开始对电脑市场进行考察。考察之后他发现：IBM 是当时个人电脑品牌的龙头老大，可以说几乎垄断了市场。正因如此，IBM 公司规定经销商每月必须提取一定数额的个人电脑，而多数经销商都无法把货全部卖掉。他也知道，如果存货积压太多，经销商会损失很大。

明白了这个规则，戴尔开始了自己的行动，他按成本价购得经销商的存货，然后在宿舍里加装配件，改进性能。这些经过改良的电脑十分受欢迎，很多同学都来找他。戴尔见到市场的需求巨大，于是在当地刊登广告，以零售价的八五折推出他那些改装过的电脑。不久，许多商业机构、医院诊所和律师事务所里的人都成了他的顾客。

尽管戴尔的生意越做越火，可是这却让父母很反感，因为他们希望儿子能够成为一名医生。有一次，戴尔放假回家，他的父亲表示担心他的学习成绩，劝说道："如果你想创业，等你获得学位之后再说吧。"

面对父亲坚硬的反对态度，戴尔也不好说什么，于是只好暂且答应了下来。可是一回到奥斯汀，他就觉得如果听父亲的话，就是在放弃一个一生难遇的机会。

"我认为我绝不能错过这个机会。"一个月后，戴尔又开始销售电脑，每月赚 5 万多美元。看到如此巨大的财富，戴尔第一时间向父母坦白："我决定退学，自己开办公司。"

"你的目标到底是什么？"父亲问道。

"和 IBM 公司竞争。"

戴尔的话让父母非常吃惊，一致认为他太好高骛远了。但无论他们怎样劝说，戴尔始终坚持己见。终于，他们达成了协议：他可以在暑假时试办一家电脑公司，如果办得不成功，到 9 月他就要回学校去读书。

得到父母的同意后，当时只有 19 岁的戴尔开始在电脑市场大展拳脚。他回到奥斯汀后，拿出全部储蓄创办戴尔电脑公司。他以每月续约一次的方式租了一个只有一间房的办事处，雇用了第一位雇员——一名 28 岁的经理，负责处理财务和行政工作。在广告方面，他在一只空盒子底上画了戴尔电脑公司第一个广告的草图。朋友按草图重绘后拿到报馆去刊登。

结果，戴尔公司第一个月营业额便达到 18 万美元，第二个月 26.5 万美元，父母只好同意他退学。随后，不到一年，戴尔便每月售出个人电脑 1000 台，积极推行直销、按客户的要求装配电脑、提供退货还钱以及对失灵电脑“保证次日登门修理”的服务举措，为戴尔公司赢得了广阔的市场。

到大学毕业的时候，戴尔公司每年的营业额已达 7000 万美元。这时，他停止出售改装电脑，转为自行设计、生产和销售自己的电脑。今天，戴尔电脑公司在全球 16 个国家设有附属公司，每年收入超过 20 亿美元。

戴尔对经商有着极大的兴趣，这种兴趣也激发了他的热忱，为此，他知道自己在做什么也知道自己会取得成功，正因为有这样的信心，有对待工作的专注度，让戴尔在其他电脑厂商崛起前就奠定了品牌效应，才会一次次地取得成功，进而使自己成功跻身到“全球首富圈”。

弗烈得利克·威廉森说：“我活得愈久，便愈确定兴趣是所有特性或质性中最重要的。通常，一个成功者和一个失败者的技艺、能力和才智差异并不很大。假使有两个人，以同等的能力、才智、体力与其他的重要质性开始，会出人头地的是那个兴趣盎然、满腔热忱的人。同时，一个能力平平却抱持着热忱的人，往往能超越一个能力强却毫无兴趣和热忱的人。”

一个对某件事情有着浓厚兴趣的人，是不会以金钱、地位和权力为目地去工作的，他们从内心真正地热爱他们所从事的职业，甚至会将工作当成他们生命的一部分，全身心地投入，所以更容易做出成就。有一次，一位记者问比尔·盖茨：“你成功的秘诀是什么？”盖茨答道：“对工作的热忱！”

对方又问：“你的热忱主要来自哪里？”

比尔·盖茨回答道：“兴趣使然！”

总之，兴趣所激发的热忱可以用来补充你的精力，使你不断地充电，并形成一种坚强的个性。那么，要充分调动自己的主观能动性，就要去做自己感兴趣的事情。如果你做的工作与你的兴趣不相符，那你也可以在工作过程中去发现工作的乐趣，慢慢发展成为自己的兴趣，这样你就能全身心地投入当下。

定位速效法实验：有目标且有计划，能提升效率

实验结果：要想有效率地做成某件事，必须给自己设定目标，最好还要有详细的规划或计划。

实验过程：心中装着目标走路，走起来会更轻松一些

一位心理学家将某个学校一个班级的学生分成三组，前往 10 公里外的村庄。

甲组学生不知道村庄有多远，只让他们排好队伍跟着导游走，刚走二三公里，便有学生开始叫苦。后又刚走了一半，学生们便开始抱怨，情绪低落而且队形散乱，以致溃不成军。

乙组学生只知道距离目的地有 10 公里，中途没有路牌，他们只是跟着导游走，走了多少，还剩多少，一概不知。结果刚走一半路程，他

们便开始叫苦不迭，速度也越来越慢，失去了继续前进的动力。

丙组学生不仅知道距离目的地有 10 公里，而且中途还能看到路牌，上面标有里程数，走了多少还剩多少，他们都很清楚。结果这一组学生一路上精神振奋，每当他们疲劳时，看看路牌，都为自己已经走过的路程而高兴，没有一个学生叫苦。

这个实验告诉我们：拥有明确的目标，才能更快地到达目的地，就像第三组人一样。看到希望，会让人产生精神，就像第二组人一样，当他们走到四分之三的路程时，加快了脚步。对前方一无所知，就会对结果无法估计，这样容易使人产生倦怠心理，像第一组人一样。所以，我们要把行动与目标经常对照，拉近它们之间的距离，这样才更轻松愉快地到达目的地。由此可见，目标与清晰的计划，有助于我们有效率地达成愿望。

实验延伸：平庸者与精英的差别，可能就在于是否有明确的人生目标

上述实验说明了目标的价值。实际上，哈佛大学也进行过这样一项跟踪调查，对象是一群在智力、学历和环境等方面都差不多的年轻人。调查结果：27%的人没有目标；60%的人目标模糊；10%的人有着清晰但比较短期的目标；其余 3%的人有着清晰而长远的目标，他们行进在各自的人生旅途中。在 25 年后，哈佛再次对这群学生进行了跟踪调查。结果是这样的：3%的人在 25 年间朝着一个方向不懈努力，几乎都成为社会各界的成功人士，其中不乏行业领袖和社会精英；10%的人短期目标不断地实现，成为各个领域中的专业人士，大都生活在社会的中上层；60%的人安稳地生活与工作，但都没有什么特别成绩，几乎都生活在社会的中下层；剩下 27%的人生活没有目标，过得很不如意，并且常常在抱怨他人，抱怨社会，当然也抱怨自己。

其实，他们之间的差别仅仅在于：25 年前，他们中的一些人就已

经知道自己最想要做的是什么，而另一些人则不清楚或不是很清楚。这个调查生动地说明了明确生活目标对于人生成功的重要意义。

著名的心理学家丹尼尔·莱文森说：“目标具有愿景的性质，是一种想象出来的可能性，能让人热血沸腾、活力四射”。对于我们个人来说，目标明确，人生也辉煌；目标模糊，人生也普通。成功者与失败者之间的差别就在于有无明确的目标，那些有作为的人，都有自己明确的目标。

1952年7月4日，海面上大雾弥漫，一名34岁的女性游泳健将从距离加利福尼亚西海岸21英里的卡塔林纳岛海域出发，奋力向雾气笼罩的加州海岸游去，最终她成功了，成为人类历史上第一个穿越卡塔林纳海峡的女性。她的名字叫费罗伦丝·查德威克。

在挑战卡塔林纳海峡之前，费罗伦丝·查德威克曾经尝试过穿越英吉利海峡，当时也是大雾天气，在一片浓雾中，她连护送的船只都看不到，更别说遥远的加州海岸了。时间一分一秒地过去，她在冰冷的海水里默默游着，感到又累又冷，体力渐渐不支，于是便请求教练让她上船。教练告诉她就快到岸了，叫她再坚持一会儿。她没有再说什么，又坚持游了15分钟，觉得浑身冻得发麻，她意识到自己再也游不动了，只好再次请求把她拉上船。另一艘船上的教练和母亲鼓励她不要放弃，因为她离海岸真的很近了。

她朝海岸的方向望去，前方浓雾漫天，什么也看不见，她实在坚持不下来了，因为不知道还要游多久才能结束。最后，在她的一再要求下，人们将她拉上了船。过了一会儿，她冻僵的身体渐渐暖和过来了。想起这次失败的渡游经历，她总结道，打败她的不是寒冷，也不是疲劳，而是因为大雾遮住了海岸，让她看不清目标。接受采访时，她说：“说实在的，我不是为自己推脱，如果当时我看见陆地，我能坚持下来。”

当时她离目的地只有半英里了，只要稍稍坚持一下，她就能完成一项壮举，可惜由于丧失了目标感，她选择了半途而废。后来她吸取了失败的教训，两个月后成功横渡英吉利海峡，刷新纪录以后，她又挑战了更远的距离，决定横渡卡塔林纳海峡。她再次遇到了大雾天气，所不同的是大雾并没有阻碍她的行动，因为即便是看不到加州海岸，她的内心也不再迷茫了，目标就在她的心中，她知道只要一直向着目标的方向努力游过去，就能抵达目的地，最终她成功了。

从这则故事中我们可以看出，目标能够给人以方向感和确定感，心中有了目标，你就能克服所有的疑虑和恐惧，最终排除万难达成目的。只要你对人生有了把握，途中所有的挫折都显得微不足道了。有时真正让你半途而废、一事无成的，不是艰难困苦，也不是突如其来的霉运，而是目光感的丧失。因此从某种意义上说，找回目标感，是你优化人生进程，转败为胜的关键。

艾宾浩斯记忆法：你所不知道的“记忆技巧”

实验结果：一个人只要掌握了“记忆技巧”，那么，他便能记住比你想象中更多的知识。

实验过程：只有及时按规律复习，才能牢记

大多数人对如何提升个人记忆力都极为着迷，记忆力是我们多数人获取知识极为重要的策略之一。但在19世纪中期，德国心理学家赫尔曼·艾宾浩斯对记忆力进行了一个极为细致的研究。艾宾浩斯是个一丝不苟的人，他的方法极为直接。他先是安坐下来，然后随手拿起笔在纸上写下了许多的单词。他在看完这些单词之后，立即尽可能多地将这些单词都记录下来，并且分别在第二天、第三天用同样的方法将他能记住

的单词记录下来。

艾宾浩斯并不想使用包含像“猫”或“蝙蝠”这样的普通单词的随机列表，因为它们太容易掌握了。为了解决这个问题，他提出了“无意义音节”的概念：由三个字母组成的单词有一个极为明显的规律，即它们都以辅音开头。下一个字母是一个元音，最后一个字母是另一个辅音。就这样，他创造了像“asww，cfhhj，ijikmb，rfyjbc”等这样没有特殊意义的单词。

另外，如任何一位优秀的科学思想家一般，他意识到他应该用完全相同的时间来观察每一个他不熟悉的单词。在那个年代，音乐家们经常使用上发条的节拍器来制造出一种稳定的“滴滴答答”的节奏，所以艾宾浩斯在给自己看单词时使用了一个节拍器，以确保他看某个单词的时间不会超过用在其他单词上的时间。

起初，他能正确地写下他想记住的单词。但过了大约六天，他发现自己再也记不住任何一个单词了。他发现，我们经过专注地学习后，将信息输入我们的大脑，便成了人的短时记忆，但是如果不经过及时的复习，这些记住过东西就会被遗忘，而经过了及时的复习，这些短时的记忆就会成为人的一种长时记忆，从而在大脑中保持着很长的时间。那么，对于我们普通人来说，什么才算得上是遗忘呢？所谓遗忘就是我们对于曾经记忆的东西不能再记起来，也不能再回忆起来，或者是错误地再认知错误的回忆，这些都是遗忘。艾宾浩斯在做这个实验的时候是以自己为测试对象的，他得出了一些关于记忆的结论。他选用了一些根本没有意义的音节，也就是那些不能拼出单词来的众多字母的组合，比如asww，cfhhj，ijikmb，rfyjbc 等。他经过对自己的测试，得到了一些数据。

然后，艾宾浩斯又根据这些点描绘出了一条曲线，这就是非常有名的揭示遗忘规律的曲线：艾宾浩斯遗忘曲线（如下图），图中竖轴表示学习中记住的知识数量，横轴表示时间（天数），曲线表示记忆量变化的规律。

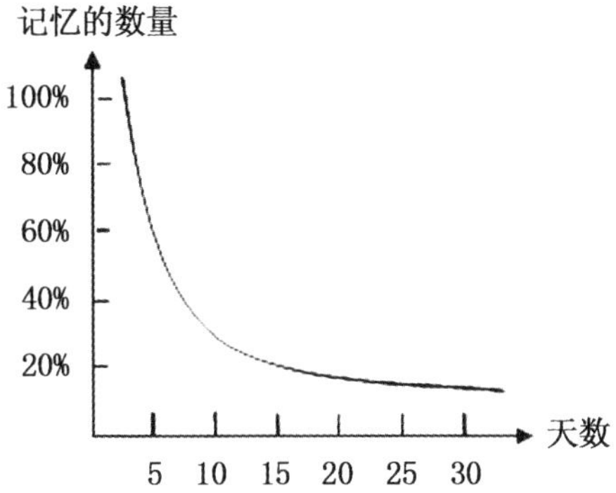

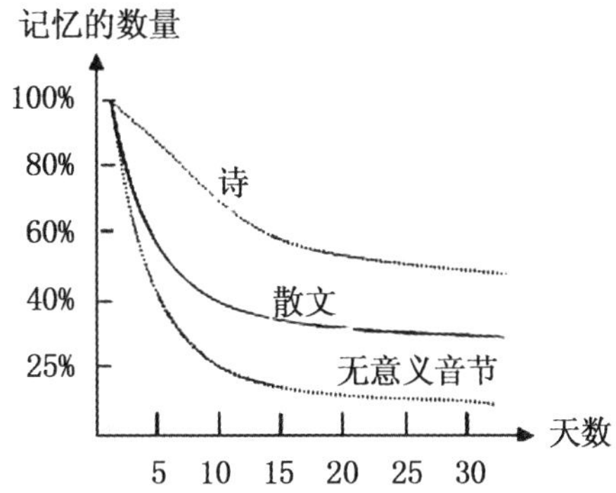

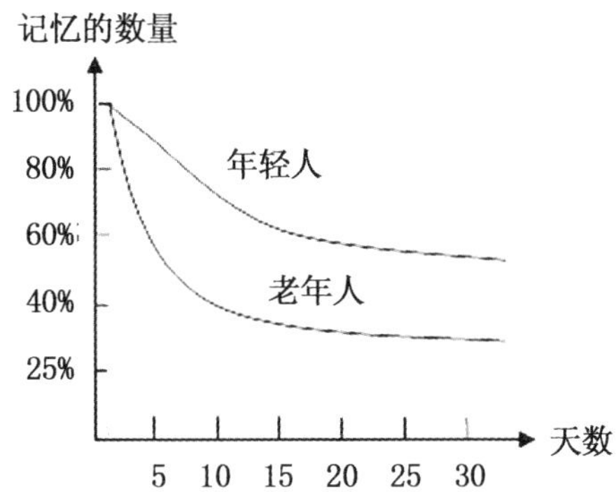

这条曲线告诉我们，我们在学习中的遗忘是有规律的，遗忘的进程是极不均衡的，不是固定的一天丢掉几个，转天又丢几个的，而是在记记的最初阶段遗忘的速度很快，后来就逐渐减慢了，到了相当长的时间后，几乎就不再遗忘了，这就是遗忘的发展规律，即“先快后慢”的原则。观察这条遗忘曲线你会发现，学得的知识在一天后，如不抓紧复习，就只剩下原来的25％，随着时间的推移，遗忘的速度会减慢，遗忘的数量也会减少。

关于这个规律，有人做过这样一个实验：两组学生共同学习同一篇课文，甲组在学习后不久进行一次复习，乙组不予复习，一天后甲组对课文内容的记忆能保持在98％，而乙组则保持在56％；一周后甲组对课文内容的记忆保持在83%，乙组则保持在33%。乙组的遗忘平均值比甲组要高。

为此，这些实验也告诫我们，在学习中要想牢记知识，就必须遵循这个遗忘规律进行必要的知识复习。

实验延伸：复习也要讲究方法

艾宾浩斯的实验告诉我们，只要及时复习才能让我们记得更牢固。那么，怎样复习才是科学的呢？对此，我们可以采取尝试回记、交谈争论、设问自答等形式进行复习。具体操作如下：

1. 尝试回忆：尝试回忆具体是指在头脑中将学过的知识再回想一遍，有人称其为“过电影”，这是逼着自己专心致志去动脑筋思考的方式。心理学实验表明，尝试回忆比单纯的反复识记好。比如有这样一个实验：让两组应试者同时识记同样的课文，第一组阅读与试尝回忆相结合，第二组则用全部时间反复阅读。结果表明，立刻测验和4小时后测验，第一组都比第二组效果好。那么，阅读和回忆的时间应该怎样掌握呢？实验表明，用于试尝回忆的时间越多，成绩就越好。具体做法是，在阅读或朗读到一定程度以后，合上书试忆，凡是模糊的地方立即与原文核对。也可以在读书以后的一段时间里，试着记忆出应该记住的具体内容。这时，试忆者会处于积极的精神状态，不但注意力集中，而且兴趣盎然。同时，经过校对核实，能够及时了解自己的薄弱点，以便再着重记忆那些生疏的材料。

2. 交谈争论：对所学习的知识进行争论探讨。庄子说“知出乎争”，这是很有道理的。交谈争论，旨在阐述自己的观点，对客观事物、客观现象加以说明。交谈时，要了解对方的意见，从中可以得到启示；争论时，容易使自己知识结构中的薄弱环节暴露出来。在交谈争论的过程中，双方都会加深印象，错误的得到了纠正，正确的得到了承认，记忆得到了巩固。再说，个人的接触面总是有限的，通过交谈争论，可以扩大视野，集思广益，增长知识和才干。

许多名人乐于交谈争论，爱因斯坦最初钻研学问时，经常与索洛文、哈比希特等朋友在一起交谈争论，在朋友们的帮助下，爱因斯坦掌握了“黎曼几何”，为提出相对论打下了基础。他们把自己交谈争论的场所叫作“奥林比亚科学院”。交谈争论是测验自己、训练思维、深化记忆的有效手段。

3. 设问自答：“假如我是老师，我将怎样出题考学生呢？我希望学生掌握哪些要点呢？”如果经常对自己提出一些问题，多种角度设问自答，会收到意想不到的记忆效果。

当然，设问是个主要的问题，必须经常琢磨设问的形式、设问的角度、设问的要求，才能奏效。

4. 向他人试讲。俗话说，欲当先生，先做学生，给别人讲解也是加深对某种知识记忆的重要方法。当然，在准备给人讲解某一知识的时候，自己首先要懂才行，而且自己琢磨的过程也是加深个人记忆的过程。列夫·托尔斯泰说过这样一句话：“知识，只有当它靠积极的思维得来而不是凭记忆得来时，才是真正的知识。”而准备讲的过程正是运用这种积极思维的过程。要讲给别人听，多数情况下要用自己的语言，而不能鹦鹉学舌似的背诵。这就要求我们不但要知其然，而且还要知其所以然，不但要全面、熟练地掌握知识，而且要用自己的话表述出来。试着讲给别人听就是强迫自己弄懂那些似是而非的问题，使自己的记忆得到巩固和增强。

5. 经常运用。在实际工作、生活中经常运用的知识，记忆是深刻的。从神经生理机制方面来说，知识运用得越频繁，大脑皮层留下的痕迹就越深刻，暂时神经联系也就越牢固。运用的次数多了，学习者记忆的抽象信息符号与对应的实践活动之间，会产生紧密联系的第二信号系统的条件反射，记忆信息便容易提取出来。

预见偏差实验：记忆的不稳定性

实验结果：记忆具有不稳定性。

实验过程：记忆的“预见偏差”

在现实生活中，你可能会有这样的体验：你有一个很好的想法，觉得自己永远不可能把这个想法忘记，于是你就懒得把它写下来。但在十分钟之内你就把它给忘了，事后无论怎么努力都想不起来。这究竟是怎么一回事呢？

关于此，在2005年，考利艾特与布约克做过这样一项研究：他们随机找了一些实验者，在实验中，考利艾特与布约克让实验者先学习成对的词语如“明亮的灯”，然后等他们确定自己只要有了“明亮”这个词的提示，便能联想到“灯”这个单词后，便对他们进行了相关的测试。参与这个实验的志愿者都自信满满，原因就在于这种预见偏见。

一段时间过去了，当志愿者们在得到“明亮”这个单词后，各种各样的词语便涌进他们的头脑中，比如“灯泡”或“阴影”等，而正确的答案并非像他们原本想象的那般容易回想起来。

这个实验告诉我们：当人们的记忆需要被测试时，他们做出越多努力去建立和重建某个目标记忆，最终这一记忆就变得越深刻。这就是正确的学习技巧总是涉及测验，因为只是眼睁睁地看着信息是不够的，学习需要努力去记忆。

这里需要补充说明的是，虽然记忆不会衰退，但它却是不稳定的。简单的回想行为会改变记忆，这个事实意味着记忆相对来说是不稳定的。但人们趋向于认为记忆是相对稳定的。

我们遗忘了被我们遗忘的东西，于是我们认为，在将来我们不会忘记我们现在所知道的东西。这就意味着，学生们往往极大地低估了要记住学习材料所需要付出的努力，当然不仅是学生，这就导致预见偏差。

实验延伸：重新加载记忆

在生活中，记忆力的强弱直接关乎着我们学习技能的高低，但是记忆力是可以通过练习改善和提升的。同时，记忆力的好坏还直接决定了一个人的思想深度。比如，当我们能立即回忆起某件事情时，就会觉得自己很聪明，反之就会觉得自己很笨。但就思想而言，我们的感觉正好相反。当某件事情很快出现在头脑里，即我们没有费力去回想它，这是没有思考、学习的过程发生。但当我们费力地去把某件事情带到意识中来，有了思考的过程，一件神奇的事情就发生了——我们学到了东西，思想也自然有了一定深度。

另外，我们需要知道的是，人们的记忆、学习严重依赖于场合。当你在某一场合学到的东西，当换个场合后就难以回忆起来。

这是因为学习与你怎样学、在哪里学有很大关系——它取决于你周围有些什么人，环境怎样以及你是怎样学习的。

从长期来说当人们能以不同的方式，或者在不同的场合接触到某种信息时，这时学习的效果最好。

我有一位在大学里的朋友信誓旦旦地说，当站在椅子上或者爬到墙上时能有助于他校阅文稿。我曾经取笑他的说法，但他的这种疯狂举动自有道理。

另外，假如你想学习打网球，是不是应该先花上一星期去学发球，然后下一星期学正手击球，再下一星期学反手击球，如此等等？或者还是你每天都把这些动作混合起来学习？

研究结果表明，就记忆力的长期保持而言，内容混合的学习更容易被回忆起来。学开汽车也和学打网球一样，同样的还有陈述性记忆，如委内瑞拉的首都是哪个城市。

问题是这种学习方法在开始的时候比较困难。假如你在练习了发球后立即转到打正手球，你就会“忘了”怎样发球，于是你感到还不如一直反复地练习发球。但从长远来说这种混合和结合的学习效果最好。

对于这种现象有一种解释被称为“重新加载假设”。我们每次转变动作时都需要“重新加载”记忆，正是由于这种重新加载的过程强化了学习的效果。

学习是可以由你通过记忆来控制的，关于记忆的事实告诉我们，人类远远低估了他们对于记忆的控制能力。

总而言之，我们的记忆力并非像我们想象的那样差。也许它并不能像电脑那样工作，但这更能激起我们去了解和体验它的兴趣。

习得性无助实验：多次的挫败，无助就成为习惯

实验结果：多次的失败与痛苦，会让无助感变成习惯。

实验过程：多次的失败与痛苦，无助感便成了习惯

1967 年，美国著名心理学家塞利格曼以动物为对象，进行了一项实验，他将一条狗关在笼子里，这个笼子外连接着蜂音器，只要蜂音器一响，狗就会受到极为难受的电击。这只狗因为关在笼子里，它根本逃避不了，只能在笼子里面狂奔，屁滚尿流，惊恐哀叫。

在进行了多次试验之后，无法逃离痛苦的狗，只要听到蜂音器一响，便趴在地上，惊恐哀叫，再也不狂奔了。后来，实验者就在电击前，将狗笼子打开，此时的狗不但不逃，而且不等电击出现，便开始倒在地上呻吟与颤抖。

于是，塞利格曼便得出了这样的结论：重复的挫败感，会让无助成为一种习惯。为了验证这个结论同样适用于人，塞利格曼又于 1975 年把人当成受试者，结果表明人也产生了习得性无助感。受试者是正富有朝气的大学生，他们将大学生分为三组，分别进行了第一阶段的实验：

第一组学生听一种噪音，这组学生无论如何也不能使噪音停止。第二组学生也听这种噪音，不过他们通过努力可以使噪音停止。第三组是对照，不听噪音。

第二轮实验的装置是一只“手指穿梭箱”：当受试者将手指放在穿梭箱的一侧时，就会听到一种强烈的噪音，放在另一侧时，就听不到这种噪音。

实验表明，在原来的实验中，第一、三组的受试者在“穿梭箱”的实验中，学会了把手指移到箱子的另一边，使噪音停止。而第一组受试者，也就是说在原来的实验中无论怎样努力都不能使噪音停止的受试者的手指仍然停留在原处，听到刺耳的噪音响下去，却不能把手指移到箱子的另一边。

这个实验告诉我们，一个人对能力和控制的知觉是从经验中习得的。当一个人控制特定事件的努力遭受多次的失败后，他将停止对这件事件的尝试。如果这种情形出现得太过频繁，这个人就会把这种控制缺失的知觉泛化到所有的情景中，甚至泛化到实际上控制能发生作用的情况中。于是，他便开始感到自己像一颗“命运的棋子”，任人摆布，无助而抑郁。塞利格曼将这种抑郁产生的原因称为“习得性无助”。

实验延伸：连续的打击，很容易使人陷入自暴自弃的旋涡中

心理学家塞利格曼在这个实验后，又对人类的行为进行观察，也得到了与习得性无助实验类似的结果。

在现实生活中，如果你细心地观察，也会发现：如果一个人总是在一件事情上受到挫败，那么，他就会如实验中的那条绝望的狗一般，放

弃努力，甚至还会产生极为严重的自我怀疑，觉得自己“这也不行，那也不行”，简直糟糕到了极点，进而出现自暴自弃的状况。

艾维自小就生活在一个充满争吵和暴力的家庭中，艾维小时候父亲看她写作业，总是骂她是废物，斥责她怎么那么笨，凶狠地对她说：“我怎么生了你这么笨的孩子”，这让艾维自小便不再敢将家庭作业带回家里写。她的妈妈也总是对她说：“就是因为你学习成绩太差，所以你爸爸才整天找我的事，跟我吵架。”听了这样的话，艾维在上小学三年级时，便开始努力学习，不久，她的成绩终于上去了。但她取得的成绩还远远达不到爸爸的要求，在爸爸的眼里，所有科目都是满分才算优秀，如果她哪次考了 80 分以下，就会想方设法讽刺和挖苦她。有一次，艾维平均分数达到了 90 分，爸爸还是指责她，说隔壁家的孩子都考了第一名。这让艾维感到很累，压力很大。那时候，艾维的班主任对她很好，让她内心多了一丝光亮，可后来因为她参与一次打群架，被老师批评了。之后便对她淡淡的，这让艾维唯一的心理支柱倒塌。自此开始，她开始自暴自弃、暴饮暴食，而且从不愿与人交流和沟通。后来她的成绩一落千丈，她对学习不再有任何的兴趣，总觉得自己是个一无是处的人……

实际上，此时此刻的艾维并不是“真的不行”，而是在父亲持续不断地打压，与周围人的否定中，她彻底地陷入了“习得性无助”的心理状态中，这种心理让她自设樊篱，将失败的原因归结为不可改变的因素，从而放弃了继续尝试的勇气与信心。

所以，要想让自己远离绝望，我们就必须学会客观理性地为我们的失败找到正确的归因，而不是盲目地陷入自我怀疑的泥淖中无法自拔。

实际上，在现实生活中，陷入“习得性无助感”心理的人，具体会表现出：一个人总是消极地面对生活的境况，在困境面前变得毫无意志力，而且极为依赖别人的意见和帮助。另外，造成一个人陷入“习得性无助感”心理的成因中，最为显而易见、可预测的是周围大环境的改变，如战争、饥荒、旱灾等都会造成一个人出现习得性无助感。比如一位心理学家研究过那些经历过二次大战中集中营的幸存者，发现他们总是拒绝别人来关心和鼓励自己。

另外，塞利格曼在实验过程中，通过观察发现，一个人习得性无助感的产生，共分为四个阶段：

1. 在努力进行反应却没有结果的“不可控状态”中体验各种失败与挫折。

2. 在体验的基础上进行认知。这时候人就会感到自己的反应和结果没有关系，产生“自己无法控制行为结果和外部事件”的认知。

3. 形成“将来结果也不可控”的期待，“结果不可控”的认知使人觉得自己对外部事件无能为力或者感到无所适从，自己的反应无效，前景无望，即便努力也不可能取得成果，也就是说，“结果不可控”认知和期待会使人产生无助感。

4. 表现出动机、认知和情绪上的损害，极为严重地影响以后的学习。

“商场走失”实验：有偏差的重构记忆

实验结果：重构的记忆，很多时候并不符合事实，多数是经过记忆者大脑进行想象加工过的。

实验过程：你所经历的，并不一定是事实

伊丽莎白·洛夫特斯是美国一位著名的认知心理学家，她设计过一个“植入错误记忆”的实验，也就是“商场走失”实验，来证明人的记

忆在某些时候是非常不可靠的。实验过程是这样的：

洛夫特斯招来了24名受试者，并且从他们的父母以及亲戚那里搜集了一些关于这些受试者儿童时期的几个生活片段，随后受试者被逐一地叫进房间进行交谈，洛夫特斯教授将四个生活片段写在了卡片上交给受试者，其中三个片段是真实的，而其中一个片段是虚构的。而这个虚构的片段，每个受试者都是一样的，其片段梗概是这样的：说受试者在五六岁时，他在一个商场里面迷路了，当时他感到非常恐慌，甚至还不停地哭泣，最终在一位爷爷的帮助下找到了家人。受试者看完这些卡片之后，洛夫特斯要求他们写下自己记得的关于这个生活片段的内容，还特意提醒他们说，如果不记得的话，就不要写，不是真实的，也不要写。但结果显示，在24名受试者中，也就是说，有25%的人表示他们记得曾经在购物中心迷路，甚至还有不少受试者为此生活片段添加了不少细节，比如，一位受试者曾写道，帮助他回家的那位老爷爷穿着一件蓝色的灯芯绒外套，有点秃头，还戴着一副眼镜，当他再见到妈妈时，妈妈还叮嘱他说，下次不要再这样了。最终，洛夫特斯告诉这24位受试者，这4个记忆片段中有一个是虚构的，让他们圈出来，可即便是这样，仍然有5名受试者坚信商场迷路事件是真实的，即便他们的父母还再三强调说，他们从未在商场中走失过。在不久之后，洛夫特斯便发表了论文“错误记忆的形成”。

洛夫特斯通过“提问者暗示”“商场走失”等一系列实验，得出了“记忆是不可靠”的结论，也就是说，人的记忆会受到暗示性问题、错误信息、个人经历、当下情绪等影响，是不可靠的。所以，那些我们以为我们亲身经历过、看到过的东西，并不一定是真的。

最后，想再说几句：当我们遇到和我们的预期、价值观并不相同的事物的时候，最好能再放宽视野，理性地思考分析一下，多听听别人的观点之后，再做判断。而不是一味地咬死自己一贯的想法，因为这样很可能会使自己变得狭隘和偏执，把自己逼入一条死胡同。

实验延伸：有偏差的“记忆重构”炮制的冤案

美国曾经对过去300起冤案进行调查，结果显示，其中四分之三都是因为受害者的错误记忆所导致的，后来DNA被广泛地用于司法体系，这在很大程度上减少了冤案发生的概率。

1980年10月12日，在美国西雅图的塔科巴机场以南的一个偏僻郊区，一个年仅17岁的少女被一名白人男子强暴了，少女对警方说，凶手的年龄在30岁左右，开的是一辆蓝色的小轿车，留着小胡子。根据少女的描述，警方迅速地展开了搜捕行动。不久之后，警方很快将目标锁定了一位叫史蒂夫·提图斯的男子，经过调查，他是一家酒店的职业经理人。在警方提审史蒂夫·提图斯时，他刚与自己的未婚妻在西雅图一家餐厅用完餐，并正开车回家。史蒂夫先前经历过一段失败的婚姻，未婚妻是不久前刚认识的，并且两人正打算结婚。巧合的是，史蒂夫的外貌特征与那位少女描述的基本一样，更巧的是，他刚好也开着一辆蓝色的小轿车。警方便对史蒂夫进行了例行问话，并且还拍了照片。

第二天，警方将几个嫌疑人的照片拿给少女，并让她去指认时，少女便毫不犹豫地从众多照片中选出了史蒂夫，并且十分肯定地说：“他最像那晚对我行恶的人！”于是，警方便将史蒂夫给逮捕了。在庭审中，受害者的证词从“他看起来是最像的”变成了“我肯定就是他”。半年后，史蒂夫被判了刑，尽管他再三证明自己是无辜的，但他仍旧被送进了监狱。事实上，在案发当天下午，史蒂夫一直在父母家中待到了晚上6点多，因为当天是他父亲的生日，随后他开着车去见未婚妻。从时间上来看，史蒂夫根本不可能在6点半之前赶到案发现场。在此后一段时间里，求告无门，对司法系统彻底失望的史蒂夫打算借助媒体来为自己洗刷冤屈。于是，他联系了当地“西雅图时代”的记者保罗·亨德森，并向他讲明了事情的真相，并且还附带了70多条自己是无辜的证据。

保罗对史蒂夫的案件产生了极大的兴趣，立即展开了调查。保罗发现，在史蒂夫被指控强暴案发生的前 6 天，同一地点也发生过此类案件。而那位受害者是 15 岁的少女，当保罗拿着史蒂夫的照片找到那位 15 岁的少女时，她竟然无动于衷，说她根本没有见过史蒂夫。于是，保罗在西雅图时报上对史蒂夫的案件进行了大量的报道，终于赢得了警方的重视，案件重启调查，不久后，真正的凶手爱德华·李·金被捕。当那位 17 岁受害者看到爱德华·李·金的照片时，便失声痛哭，边哭边说道："天啊，我究竟对史蒂夫·提图斯先生做了些什么呀！"于是，史蒂夫便被无罪释放。但此时的他已经失去了工作，未婚妻也离他而去，其间为了给自己洗刷冤屈，还拖欠了大量的律师费。这让史蒂夫极为气恼，于是，出狱后便将当地的政府告上了法庭，并且还提出了 2000 万美元的赔偿金。但还未等判决下来，史蒂夫便因为长时间的精神压力过大，死于突发性心脏病。几个月后，史蒂夫的诉讼得到了庭外和解，他的儿子代表他获得了 280 万美元的赔偿。

实际上，史蒂夫案件中的受害者少女，并非有意地栽赃陷害他，而是在案件调查过程中，产生了与事实不相符合的记忆。

也正是史蒂夫的这一冤案，引起了心理学家洛夫特斯对人类记忆的注意，为了进一步探索人类记忆的可靠性，才有了她的商场迷失实验。

情境模型与体验空间：大脑更容易记住眼前的事物

实验结果：与记住其他空间的事物相比，大脑又要腾出更多“空间”，来应对新空间要发生的事情。

实验过程：“遗忘”产生的心理机制是什么

生活中，我们很多人可能都有过类似的经历：你正在做某件事情，或者是在刷牙，然后你觉得自己需要去拿点东西。所以，你先将手上正在做的事情搁置在一旁，然后走进另一个房间。这个时候，你重新站在新的房间里，不清楚自己为何会出现在那里，你也完全忘记自己究竟要去拿什么东西。你不禁开始怀疑：自己是否患了“健忘症”？

如果这样的事情发生在你的身上，千万不要担心，因为很多人都有过类似的经历。同时，心理学家或科学家们都进行了相关研究，了解为何会发生这样的事情。

我们现在看到的是记忆研究人员所说的“编码”以及我们所说的“遗忘”。编码是指我们如何在头脑中获得信息。信息是通过我们的眼睛或耳朵进入我们的大脑吗？当我们第一次听到或者看到这些信息时，我们在哪里？是在哪一天？我们究竟花了多少时间将这些信息记在大脑中？所有这些都与信息进入我们大脑的程度有关，也与我们在几分钟、几天甚至几年后对信息的记忆程度有关。“走过门口便忘记了自己究竟要干什么”现象探究了为什么从一个房间走到另一个房间会使你遗忘，它被称为“记忆的事件模型”。事实也并不复杂，让我们来看看心理学家的研究成果。

想象一下，如是要做一个关于走进门对一个人记忆的影响的研究。

当然，你需要让被试者走动，你需要几个不同的房间，它们之间必须有门。如果你有很多空间，你可以在“现实世界”中做到这一点，但为什么不利用计算机技术，让被试者在虚拟世界中行走呢？与科学家们真正喜欢的现实世界相比，使用虚拟世界有一个优势，即可以控制环境。比如，一方面，如果你在现实中让被试者从一个建筑的一端走到另一端，你可能无法控制被试者遇到了谁、谁和他们进行对话，或者他们在路上可能会看到什么意外事件，所有这些无法控制的事件都会影响他们记忆的能力。另一方面，如果你在电脑上创造一个虚拟世界，把被试者放在一个有房间和门的环境中，并让被试者用鼠标或触控板在这些房间里“走动”，你就可以完全控制他们走路时发生的事情。诚然，“行走”的场景是虚拟的，但至少在大量的研究中，控制因素是非常重要的。此外，研究人员可能在本质上是个电脑迷。

心理学家雷万斯基和她的同事们决定创造自己的虚拟世界，房间和门都使用相同的游戏引擎，而这个引擎曾被用于制作流行的电子游戏。雷万斯基所创造的“世界”与当今流行的许多游戏（有时需要花费数百万美元去创造）相比非常简单，但毕竟我们只需要几个房间和几扇门就能让被试者“走”进去。

但是，这个现象的另一个重要组成部分是什么呢？即从一个房间到另一个房间你需要记住的内容。在现实世界中，你可能会离开一个房间进入另一个房间，因为你需要去拿你的手机、一本书或者喂你的猫。我们如何在虚拟的世界中重塑这个想法？雷万斯基所做的是给被试者一些特体，当他们从一个房间移到另一个房间时，他们必须“拾起”这些物体，如几何物体——三角形或正方形的物体。被试者走到一张桌子前，拿起一个物体。就在这时，那个东西从他们的视线中消失了，好像他们把那个东西放进了他们随身携带的一袋子里一样。然后他们被要求走到一扇门前，打开门，进入另一间虚拟房间，当他们达到新房间时，他们被要求回忆在前一间房间里捡到的东西。其他被试者也拿起一个物体，穿过了相同数量的虚拟空间，但在这个过程中被试者并不需要打开一扇门。

猜猜发生了什么？拿起一个物体和其他人走进隔壁房间，被问及他们在之前的那个房间里拿了什么东西的被试者花了更长的时间才说出答案，并且答题的准确率远低于走进了相同的虚拟距离，只是没有打开一扇门的被试者。

这就是为什么雷万斯基认为我们的记忆中有一个“事件”组件。也就是说，当我们在一个物理空间里时，我们可以记住我们所做的，但是，当我们进入一个新的房间并且面临新的事物时，我们的大脑会部分“清空”在之前空间里我们做过的事情或一些想法。我们的大脑有可能想腾出更多的“空间”来应对在新的空间要发生的事情。

科学家们喜欢解释发生在我们日常生活中的事情，而这项研究正是这样做的。当你向被试者解释你所做的事情时，很多人都会点头说，“哦，是的，我有过这种经历。”你可以稍微简单地说明一下记忆的事件模型，他们可能会觉得这还挺有趣，但是仅仅有科学家支持他们的日常经验就足以给很多人留下深刻的印象。这项研究的一些实用建议之一是，如果你要离开一个房间去做另一件事，在你离开这个房间之前，最好默念一两次为什么你要离开这个地方。这么做有助于将信息放进你的短期记忆中并且保留更长的时间，从而在你离开房间的时候，防止你的大脑“清空”所有信息，提升你记得为什么来到这里的概率。

实验延伸：人的注意力总会优先着眼于应付眼前的事与物

情境模型与体验空间实验告诉我们，与过往的事情相比，人的注意力总会优先着眼于应付眼前的事与物。生活中，正是这样的心理特征，让我们常常因为重复性的劳动工作，导致自己对生活的兴趣消耗殆尽，陷入一种麻木、无趣的状态中，无论在职场中，还是在婚姻中，我们总是也会因为眼前的困难，而将自己原本的“初心”给遗忘。

刘欣最近因为工作的事情陷入了焦虑，给客户的文案总是通不过，面对于此，她的上司不仅不给她鼓气加油，而且还总给她抛来狠话：“再通不过，就走人吧！”这让刘欣极为委屈，觉得自己快撑不住了，总想辞职一走了之。正在刘欣气馁之时，她突然想到自己的初衷：这份工作是她毕业后千挑万选出来的，她自小就喜欢文字类的工作，刚进这家公司的时候，还曾立志要在传媒行业干出点名堂来，但如今刚遇到点小困难就想退缩，这不是她原本的设想，于是在接下来的时间内，她每天熬夜加班，终于做出了让客户满意的文案……

整整一周时间过去了，张勋与妻子还处于冷战状态，回到家里，他看到的是妻子的冷脸，他觉得家里的空气都是凝固的，内心痛苦极了……结婚多年，这种状态总是发生，他顿觉婚姻毫无幸福而言，于是想到了离婚。可几次话到嘴边，又咽了回去……这天晚上，他下班后因为忍受不了妻子的冷眼冷语，于是就坐在自家小区的石凳上面。他看到眼前的一片草坪，那是当初他向妻子求婚的地方。他回想起，那时的妻子是那么可爱，总是爱笑，当初的他曾想，跟如此乐观的女孩在一起，日子一定是甜蜜的。于是，那天他发誓，要永远让妻子笑。但是婚后，妻子却天天沉溺于家庭琐事中，她每天要上班，要做家务，还要顺带照顾家里的老人……这时张勋突然明白了，一向开朗的妻子为何不那么乐观了，因为她太累了，她为自己付出太多。于是，张勋起身径直走到家门口，一把搂住为他开门的妻子，结束了长达两周的冷战状态……

的确，现代生活节奏太快，在忙碌中，人的注意力总是会优先专注于眼前的困难中，当困难解决不掉的时候，人最容易放弃，比如放弃一份不错的工作，放弃一段曾悉心经营的婚姻，放弃一段你倍感珍惜的友情，却忘了让自己不断坚持下来的那份“初心”。所以，我们要做的就是要永远心怀“初心”，永远给自己以坚持的勇气和动力。

棉花糖实验：不凡人生，真的取决于延迟满足感能力吗

实验结果：一个人是否懂得“延迟自我满足感”，不仅关乎着其自控力的强弱，而且还关乎着其是否拥有格局、眼界、坚持、忍耐、不断地前进等品质，而这些恰好是一个人甩掉平庸、取得成就的极为重要的因素。

实验过程：懂得延迟满足感的人，大都有不凡的人生

棉花糖实验是由美国著名人格与社会心理学家沃尔特·米歇尔设计的一项著名心理学实验。米歇尔在人格与社会心理学领域有着极为突出的贡献，是 20 世纪最杰出的心理学家之一。棉花糖试验也让米歇尔声名大噪，“棉花糖实验”让他提出了“延迟满足感”理论。

实际上，米歇尔在做著名的“棉花糖实验”之前，就曾偶然发现了人在面对预期中的奖励时，完全存在不同的行为反应。1972 年，在美国斯坦福大学校园的一家幼儿园里，已经是斯坦福心理学教授的米歇尔开始了他的伟大实验。

米歇尔找来一些 4 岁的小孩儿，让他们单独地待在一间小房间中，桌子上面放置一个托盘，里面有一颗既漂亮且又诱人的棉花糖。在那个年代，小孩子极难抵御这样的诱惑。

相关人员告诉孩子们，说自己要离开一会儿，如果孩子们想要在这期间吃掉桌子上那颗棉花糖，那他们就需要摇一下摆在桌子上面的铃铛。但是，如果他们能忍住暂时不吃这颗棉花糖，坚持等待 15 分钟，等到研究人员回来后再吃，那么研究人员就会再给那些能等 15 分钟的孩子每人一颗棉花糖作为奖励。

于是，在接下来的时间里，有些孩子确实无法抵制诱惑，研究人员只要一离开，他们就直接把棉花糖给吃了；有些孩子能等一会儿，但也只能等待 3 分钟左右，就放弃了；有的孩子用各种计策转移自己的注意力，比如蒙住自己的眼睛，装作看不见棉花糖，比如开始唱歌，甚至干脆趴在桌子上，准备用睡一觉来抵抗诱惑；还有的孩子，干脆连实验规则都不顾了，吃棉花糖的时候就没有按铃。与此同时，还有一部分孩子则比较能忍耐，他们成功等待了 15 分钟，延迟了自己对棉花糖的欲望，等来了研究人员，并兑现了属于自己的奖励。

实验到这儿还没结束，真正让米歇尔声名大噪的，正是他的后续研究。

随后，在近 30 年的时间里，米歇尔的团队陆陆续续地追踪调查了当年参加实验的孩子们，发现当年在实验中就能够抵抗诱惑的孩子，在进入青少年时期后，自控力和意志力显得较强一些，心理调节能力也较强，并且更值得他人的信赖。他们参加 SAT 考试的成绩也较同龄人普遍较高，成年后的职业发展也比较成功。也就是说，一个简单的“棉花糖测试”，居然就“预测”了一个孩子未来的人生，这简直就是一颗“上帝”送来的棉花糖啊！

米歇尔把这个结论发表后，引起了大量的关注，使得米歇尔成为“延迟满足感”和自我控制理论的代言人与开山鼻祖。

实验延伸：从“被质疑是”到“被推翻”

一次，陈静带着年幼的儿子参加聚会，与其他幼儿园的几个同学家长就约在一起共进午餐。在吃饭期间，其中一位妈妈跟她儿子的相处模式，引起了陈静的注意。

这位妈妈的儿子刚 5 岁，看起来脾气特别大，性子也特别急，无论是玩游戏、吃饭还是参加任何活动，只要稍有耽误便会发脾气。

而男孩的妈妈也极有意思，儿子越是想得到的，她越是不答应。比如，中午吃饭时上了一道小点心，小男孩着急想吃，可他妈妈就坚决不同意，要求他先把碗里的饭吃了再说。比如孩子吃完饭就要出去玩，妈妈也不同意，让他等大家都吃完后一起去玩。

这一次，男孩的情绪一下子“炸”了，气得他直拍桌子，全餐厅的人都看向他们。这位妈妈的素质很高，她不紧不慢、温柔但特别坚定地对孩子说：“你能等一等吗？着什么急呢？这么小的事情都等不了，以后能成什么事呢？”

听了他的话，陈静感觉有点问题，于是她便接了一句话，说：“孩子想做什么，就让他去做吧，跟他事先商量好规则就行。”

这位妈妈一下子就来劲了，开始试图说服陈静，道：“那怎么能行呢？心理学上有一个概念叫作‘延迟满足’，我专门看过，说精英人士之所以那么优秀，正是因为他们从小就知道‘延迟满足’，所以自控力特别好，才能那么优秀。”

陈静听了这话，一时也不知道说什么好……

在米歇尔关于“延迟满足感”和自我控制的研究被世人所熟知之后，就立即被世界各国那些“望子成龙，望女成凤”的家长们顶礼膜拜，也顺道成为各大教育培训机构用在营销上的“葵花宝典”。霎时间，各类青少年的教育培训产品，都开始打着“延迟满足”和“增强意志力”的旗号大行其道，还产生了所谓的“延迟满足教育”。

上述陈静关注到的那位妈妈，便是“延迟满足教育”的“忠实信徒”。现在，很多教育界人士都会去介绍所谓“延迟满足”的理念，让家长们面对孩子的要求，不要马上满足，而是要先“等一等”“看一看”，将所谓的“自控力”教育理念付诸实践。

当然，米歇尔本人倾向于认为，这个实验的确反映了延迟满足的能力。通过观察孩子们的行为，米歇尔认为这种能力不是单纯地硬挺着不吃，而是源于所谓的“元认知”能力，就是孩子能够主动意识到自己在思考什么问题，然后有意识地控制自己认知和思考的过程。

在棉花糖实验里，那些能够长时间等待的孩子，往往会想出一些转移注意力的方法来，比如唱歌、睡觉、看别的地方等。米歇尔认为，这正说明了孩子其实是意识到了近在眼前的棉花糖对自己的强大诱惑，因此有意识地想出了抵抗这种诱惑的办法。

但是，棉花糖实验得到了心理学界其他人的否认，觉得一个孩子能否成功，并不一定取决于“延迟满足感”的能力，而是取决于孩子背后的家庭。

“棉花糖实验”不仅推翻了之前的错误结论，还发现了一个现象，那就是家庭条件差的孩子，他们便没有耐心多等一会儿，好拿到第二颗棉花糖的奖励。

这里的关键就在于，这些孩子的社会经济背景，也就是他的家庭条件。当然，这里说的并不是钱多钱少的问题，而是父母为孩子提供的物质和精神层面的稳定感。对于家庭经济条件不好的孩子来说，今天有棉花糖吃，明天可能就没有，而等待就意味着风险。即便是父母答应了，也可能变成空头支票，并不会被兑现。所以，他们不愿意冒风险去等待。

而那些经济条件稍好的孩子，他们的父母教育程度较高一些，家庭收入也较多，这些孩子的延迟满足感能力就更强，因为过往的经验告诉他们，爸妈会保证他们能够衣食无忧，就算他们没能做到延迟满足，把棉花糖给吃了，他们也会相信事情终会美好，即便是拿不到第二颗棉花糖，爸爸或妈妈也可以为他们提供比棉花糖更美味的食物。这种观点也意味着，米歇尔的实验被推翻了。

这也再次告诉我们，孩子延迟满足感的能力，并不取决于他自己，而是取决于他背后的家庭条件。也就是说，家庭为孩子提供的物质、精神层面的稳定感，才是一个孩子长大后走向成功的关键因素。

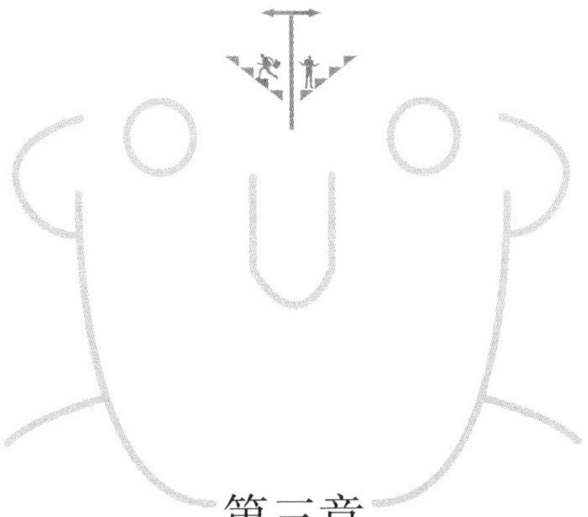

第三章

思维心理学实验：运用心念的力量，成就最好的自己

马云说：“未来的个人竞争，拼的不再是学历、资历，甚至是努力程度，而是思维。”的确，思维是改变一个人，乃至一个社会的巨大力量。在未来，人与人之间的差异，主要是思维的差异。人类的思维是以感知为基础又超越感知的界限，它涉及人类内在的情感、情绪、认知或智力活动的一切内容。本章列举了思维心理学的几个典型实验，旨在帮助我们认识到内在力量对我们自身的影响，以让我们正确地运用和掌控心念的力量，成就更好的自己。

成长型思维干预实验：思维方式决定个人命运

实验结果：随着年龄增长，人们逐渐建立起自己的“思维模式”，它决定一个人如何解释现实并作出反应的内心态度，也叫思维模式，其中就包括“固定型思维模式”和“成长型思维模式”。不同的思维模式决定了一个人的行为，不同的行为造就不同的命运。

实验过程：教育的关键在于培养学生的“成长型思维”

生活中，一些人会说“我不擅长数学，所以我无法从事与运算有关的工作”“好口才是天生的，我天生就不擅长讲话，所以无法去上台演讲!”……人类的技能是“天生”的吗？实际上，持以上观点的人具有典型的固定型思维，固定型思维的人常常害怕失败，将自己的失败归咎于自己的智力，从而拒绝接受挑战和面对困难，因此他们的发展潜力会受到限制，极难有所成就。与固定型思维相反的是成长型思维，成长型思维认为任何能力和技能，都可以通过后天努力得到发展。所以，他们更乐于接受挑战，并且积极提升自己的能力和技能。因此，具备成长型思维的人会更加坚韧，他们认为遇到的挑战可以帮助自己学习和成长，持有这种思维的人，更容易在后天做出成就。这个结论的提出者是斯坦福大学心理学教授卡罗尔·德韦克，当然，这个结论也源于一个著名的心理学实验——成长型思维干预实验。这项实验是由美国德州大学奥斯汀分校大卫·伊格尔教授和美国加州大学欧文分校保罗·汉塞尔曼教授领衔的研究团队共同完成的。

实验组人员随机在美国挑选了 65 所普通的公立学校为实验校，并从其中挑选九年级的学生作为研究对象。在每所学校提供九年级学生的名单和成绩后，项目组便从其中随机挑选了 12490 名学生参与实验，这些实验参与者，来自不同的种族，其中有黑裔、白裔、亚裔、拉美裔等，而且他们的家庭背景各异，这体现了实验对象的多样性与异质性，也能使实验的结果更为客观和科学。

然后，实验组人员又在这 12490 名学生中，挑选出那些学习成绩处于中等及中等以下的，成绩普遍在 2 以下（满分为 4）的学生组织在一起，成立小样本组，与大样本组进行比较研究，看看成长型思维的培养对改变一个人的命运是否有帮助。

同时，实验组人员之所以选择九年级学生作为实验样本，是因为美国实施的是 K12 的教育体制，九年级是极其关键和特殊的一年，这一年是高中一年级，是学生从初中阶段向高中阶段过渡的时间。很多数据证明，不少学生到了九年级，在新的学习环境中会遇到很多的困难。从初中阶段到高中阶段，学业程度也一下子难了很多，课程也增加了不少，他们的学习成绩会下降的很厉害。如果此时外界对他们的干预或者指导不及时、不恰当，学生则会大伤元气，再也无法恢复学习的信心。久而久之，他们就会对学习失去兴趣，在学习成绩下滑的道路上越走越远，最后成为学习的“失败者”，个别学生甚至破罐子破摔，由于学业失败的影响，社会的适应性和人格成长也会发生问题。

另外，美国的教育模式普遍实行的是走班制和选课制。到了高中，学会选课是每位学生面临的极为重要的一件事情。如果学生具有固定型思维，对于遇到困难或挫折无法正确认识的话，会无法清晰地认识自我的特长和潜能，最终他们会选择那些偏容易的课程，而规避那些难度系数较高的选修课程，这导致选择那些与他们的潜能不相符的课程，从而影响大学申请。美国大学往往会将大学选修课程的科目和成绩作为招生和录取的重要依据。

此时，对九年级学生的思维干预便显得极为重要。来自他们周围的同伴、家人和老师的更积极的、以学习为导向的成长型激励，有助于他们走出暂时的困顿和迷茫，还可以激励他们接受更为严格和更具有挑战性的学习体验，并且在遇到困难时能坚持不懈。这就好比一个游客在爬山时，感到筋疲力尽力不从心时，如果具有成长型思维的话，一定会调整策略继续前进，而不是中途而废。

但如何干预和指导那些学生，把他们培养成具有成长型思维的人呢？

实际上，实验组实施的方法很简单，他们对那些学习成绩普遍不理想的学生即小样本组学生的干预包括两个阶段的自我管理在线课程，每节课程的时间是 25 分钟，两个阶段的课程间隔时间为 20 天。

第一阶段的课程干预主要包括个体成长型思维的基本思想——个人的智力、能力可以通过努力、接受有挑战性的工作、改进学习策略和寻求适当的帮助来发展。

第二阶段的课程主要是让学生加深对这一理念的理解，并将其应用到生活中。

除了在线课程指导和学习之外，项目组还通过与学生访谈和讲述故事等形式开展干预，他们常常以讲述年龄较大的学生和受人尊敬的成年人关于成长型思维的故事为主要载体。

当然，上述课程还有互动部分，即要求学生们反思自己在学校的学习表现，以及成长型思维要如何在接下来的时间中，不断实践运用，帮助自己突破学习中的重重困难。

原本具有固定型思维的学生，常常具有消极、悲观的信念与保守的观念，比如认为努力尝试或寻求帮助意味着你缺乏能力、失败源于低能、目标制定显得极为愚蠢。而实验的实施者，就是想通过这两个阶段的课程去干预和指导，打破他们那些消极与保守的观念，并使用一系列有趣且具有指导意义的刻意练习，来降低他们内在的消极观念，并帮助他们最终树立例如“努力是发展智力的一种手段”“我可以从失败中吸取经验”“我的态度和努力会很大程度上影响学业”之类的成长型思维。

实验延伸：决定个人命运的不是天赋、家庭背景，而是思维习惯

在第一阶段的课程完成之后，实验实施者进行了检测和对比研究，发现了给学生树立成长型思维的巨大威力，那些进行了成长型思维干预的小样本学生的学习成绩提高普遍比大样本学生的成绩提升要快得多。这个结论可以从他们所学的四门核心课程反映出来：数学、科学、英语和社会科学。在美国传统的社会观念中，数学和科学的学习与天赋有关，要学好数学和科学，先天的智商很重要。所以，那些学习成绩不理想的小样本学生，数学与科学的成绩极不理想。而通过实验者的课程干预，为这些学生树立了积极的主动挑战困难的信念，让他们树立了“努力才是发展智力的一种手段”的成长型思维，进而使这些学生通过积极的努力，大大地提升了他们原本糟糕的成绩，尤其是数学和科学成绩变化绝对值较高，普遍高于英语和科学。

在第二个阶段的课程完成后，那些原本成绩较差的学生开始积极地寻求方法，他们多数人在经历学习困难和学习低谷时迎难而上，主动克服困难，最终成绩进步明显。

还有一个令人振奋的结果，经过成长型思维干预和指导的学生，他们更乐于接受学业上高难度的挑战，更愿意花时间去学习那些以前让他们避之不及的课程。

当然，这个成长型思维干预的实验为学生带来的积极影响是多方面的。很多学生在干预前认为“学校是让他害怕的地方”，他们常常被失败困扰，无法正确地面对挫折，不愿到学校去。而在干预后，学生具有了成长型思维，更加积极努力地学习和奋斗，认为学校提供了学习的机会和挑战的平台，成了一个“令人兴奋和向往”的地方。

于是，实验实施者最终得出了一个结论：真正决定一个人命运的并

不是天赋、家庭背景，而是思维习惯！拥有固定型思维的人会习惯性的逃避困难，所以他们的人生也处处充满了消极的情绪，个人发展的潜力自然会受阻，难以做出成就。而具有成长型思维的人在积极面对困难时，大脑会高速运转，积极投入地剖析错误，从而获得成长和进步。即便是遇到困难，他们也不会放弃挑战，因此他们更能从做事过程中享受到乐趣，并对学习充满热情。即使碰到逆境、创伤、悲剧、威胁或其他重大压力也能很快调整恢复，很快从失败中爬起来，不断地提高自己，最终做出成就来。这对于我们当下社会的教育具有深刻的启示。

量杯实验：我们的思维是如何一步步固化的

实验结果： 同一种思维模式不断地去解决某种问题，会让我们陷入固定的思维模式中。

实验过程： 我们的思维是如何一步步地固化的？

查理·芒格说过这样一句话："如果你的工具只有一把锤子，你会认为任何问题都是钉子。"这告诉我们，你有着怎样的思维模型，就会用它们来处理任何旧问题与新问题。如果你遇到一个数学难题，费了很大的力气终于将它解决掉，并得出正确答案。接下来，遇到数学难题，你可能还会用同样的方法或思维模式去解决它，但却失败了。这便是思维定式在起作用。那么，我们是如何进入思维定式这种精神状态中的呢？在 70 多年前，亚伯拉罕·S. 陆钦斯的实验给出了答案，具体的实验内容如下：

在一所学校，陆钦斯随机抽取了几名学生，平均将他们分为两组。其中一组被要求解决如下问题：

有一个空的 27 升的缺罐子、一个空的 3 升的罐子，还有一个大水池可以供你舀水或者倒水，如一口井，你要得到正好 18 升的水。

这听起来是一件令人头疼和厌烦的数学题。想要解决这个问题实际上并不难。陆钦斯对那些没有想出解决方案的被试者的描述如下：

将 27 升的罐子装满，将其中的 3 升倒入较小的罐子中，这样大的容器中就剩下 24 升了。将 3 升的罐子再次装满，现在大罐子中还剩下 21 升。再次装满 3 升的罐子，所需的 18 升就装在大容器里。

那么，这个数学难题究竟包含了怎样的心理学知识呢？接下来陆钦斯是这样做的。他给一组被试者提出了 9 个问题，前 5 个问题使用这些相同的假设的罐子的水和每一个问题的解决方案是做相同的事情，你填满大容器，然后将大容器的水倒入小容器中，直到只剩下你所需的量的水为止即可。

最让人头疼的是第 7 题、第 8 题和第 9 题。他不需要做出详细的说明，第 7 题和第 8 题可以用刚才描述的方法来解决，但是也有一个更为简单的方法来解决它们。第 9 题不能用前面描述的方法来解决。为了解决这个问题，你必须想出一个完全不同的方法。

在解释发生了什么之前，极为重要的一点是陆钦斯的第二组（B 组）知道第 7 题、第 8 题和第 9 题，但并不知道前 5 题。

那么接下来发生了什么？一组被试者被要求解决前 5 个问题，并重复使用同样的方法（先把大罐子装满水，然后把水倒进小罐子里），他们很难解决第 7 题和第 8 题——尽管这两个问题比他们已经解决的问题更为简单！这个小组也花了很长时间来解决第 9 题，因为它需要被试者运用完全不同于之前的思维方式，被试者被“困”在一种思难定式中。他们将自己在解决以前的问题的过程中奏效的方法应用在解决一个新问题上。

B 组的成员没有获得有可能被困住的机会，他们比 A 组的成员更快地解决了第7题、第8题和第9题（对他们来说这与第1题、第2题和第3题的解决方法相同）。

陆钦斯的实验过程，表明了定式思维的消极影响，能使学生在解题中失去思维的灵活性，具有呆板性。因此，在学习过程中，学生一定要利用定式思维，一方面要利用其定式的积极作用去迅速地掌握解决一类的难题，同时又要勇于打破自己的思维定式，养成具体问题具体分析，防止定式思维对自己的干扰和影响。

实验延伸：在定式思维里打转，天才也难以走出死胡同

在心理学中，定式也叫心向，是指一定的心理活动所形成的准备状态影响或决定同类后继心理活动的趋势。也就是说，人的心理活动的倾向是由预先的准备状态即定式所决定的。比如，人在重复感知10～15次两个不同大小的球后，对两个大小相同的球也会感知为不同。这就是过去的感知对当前事物的感知所产生的定式现象。

定式思维有着积极的一面，它反映出人们心理活动的稳定性与前后一致性。比如熟能生巧，人们对某种重复性的工作不停地练习，就能达到熟练的效果，从而提升工作效率。当然，在生活中，定式思维也有着消极的一面，它妨碍自我思维的灵活性，不利于智力的形成与发展，使心理活动表现出惰性，显得呆板，不利于适应日益变化的生存环境，也容易让我们的人生走入死胡同。

法国著名科学家法伯发现了一种极有趣的虫子，这种虫子都有一种“跟随者”的习性，它们在外觅食或者玩耍的时候，都会跟随在另一只虫子的后面，从来不自己走一条道路。

发现这种虫子后，法伯做了一个实验，他花费了很长一段时间捉了许多虫子，然后他们一只只首尾相连放在了一个花盆周围，在离花盆不远的地方，他放置了一些这些虫子喜爱的食物。

一个小时之后，法伯前去观察，发现虫子一只只不知疲倦地围绕着

花盆转圈。

一天之后，法伯再去观察，发现虫子们仍然在一只只地围绕着花盆转圈。

七天之后，法伯再去观察，发现所有的虫子已经一只只首尾相连地累死在了花盆周围。

后来，法伯在实验笔记中这样写道：这些虫子死不足惜，如果它们中的一只能够越出雷池一步，换一种思维方式，就能找到食物，就不至于被饿死。

其实，现实生活中，有许多人跟这些虫子一样，总是按照自己的思维定式去做事，人一旦形成了习惯的思维定式，就会习惯性地顺着定式思维去思考问题，不愿意，也不会转个方向、换个角度去想问题。研究发现，很多人都有这一顽疾。

就魔术游戏来说，面对魔术师不断变幻的花样，我们的思维过于因袭习惯之势，总是按照常规思路去想，所以就看不明白其中的奥秘。比如，人从扎紧的袋里奇迹般地出来了，我们总是习惯于想他怎么能从扎紧的袋子里出来的，而不会去想魔术师究竟在袋子上做了哪些手脚，难道不可以装拉链吗？

拿破仑被流放到圣赫勒拿岛之后，一位善于谋略的密友通过秘密方式给他捎来一副用象牙和软玉制成的国际象棋。拿破仑对其爱不释手，从此一个人便默默地下起了象棋，打发着寂寞痛苦的时光。象棋被摸得光滑了，他的生命也走到了尽头。

拿破仑死后，这副象棋经过多次转手拍卖。后来一个拥有者偶然发现，有一枚棋子的底部居然可以打开，里面竟然塞有一张如何逃出圣赫勒拿岛的详细计划！

拿破仑本是个天才，他拿到象棋后，想的只是消遣，却忽略了象棋的“象棋”。由此可见，在自己的思维定式里打转，天才也难以走出人生的“死胡同”。

正因为很多人走不出思维定式，所以走不出宿命般的悲剧。而一旦走出了思维定式，也许可以看到许多别样的风景，甚至可以创造新的奇迹。

哈佛教授弗里斯特做过这样一个实验：他把六只蜜蜂和同样多的苍蝇装进一个玻璃瓶中，然后再将瓶子放平，让瓶底朝前窗户，结果发生了什么情况？

蜜蜂不停地在瓶底上找到出口，一直到它们力竭倒毙或者饿死；而苍蝇则会在不到两分钟之内，穿过另一端瓶口逃逸一空。

由于蜜蜂基于出口就在光亮处的定式思维，想当然地设定了出口的方向，并且不停地重复着这种合乎逻辑的行为。可以说，正是由于这种思维定式，它们才没有走出囚室。而那些苍蝇则对所谓的逻辑毫不留意，全然没有对亮光的定式，而是四处乱飞，终于走出了囚室。

心理学家指出，思维定式是心理活动的一种准备状态，即用过去的感知去影响当前感知的一个过程。受思维定式影响的人，这次这样解决了一个问题，下次遇到类似的问题或表面上看起来相同的问题，不由自主地还是沿着上次思考的方向或者次序去解决。要突破思维定式，就要克服思维的惰性和跳出思维定式，就必须学会运用辩证的思想方法，运用发展的眼光看问题，破除旧观念，打破习惯性思维，变换视角，跳出固执的思维定式，从舞剑中悟到书法之道，从飞鸟飞翔中造出飞机，从蝙蝠声频中联想到电波，从苹果落地中悟出万有引力等，创造性地开展工作，才能把握解决难题的脉络，在突破中领略全新的世界。

那么，如何打破思维定式呢？也许最好的方法就是散步。毫无疑问，你也听到过有人说他们不得不“睡一觉，第二天再说”。这也许是个好的建议。当你暂时从这个问题中解脱出来时，你的大脑就会“放松”一点儿，你就能以一种不同的心态重新审视你遇到的问题，那么，你的问题有可能被新的思维得以解决。

养老院实验：责任激发人的积极能量

实验结果：责任可以激发人的积极能量，让人乐观地面对生活，从而对人的身心健康起积极作用。

实验过程：责任激发生命活力与激情

埃伦·兰格是积极心理学的奠基人之一，幸福课导师本沙哈尔最推崇的哈佛著名心理学家，第一位获得哈佛终身教职的女性。她做过这样一个心理学实验，以证明专注力与人类健康的关系。这个实验的地点是在康涅狄格州的一个养老院。埃伦·兰格将养老院的老人随机分成了两组，分别是实验组和控制组。院长告诉每个实验组的老人说，这里有很多事情是你们能够决定的，你们也必须时时思考这些问题。比如下周会有两个晚上播放电影，由你们来决定是哪两个晚上；院长还送了每个老人一盆花，并且告诉他们有责任去照顾这些花，并要求他们就日常的琐事做出一些细微的改变。

对控制组的老人，院长则只告诉他们，希望你们能够生活的快乐，但你们没有任何权利决定自己的生活，这也意味着，控制组的老人所有的事情都已经被安排好的，所有的事情都不用思考，比如下周会放两部电影，院长会告诉他们，时间已经安排好，你们前往观看就好。同时，院长还送给每个人一盆花，但是说护士会帮助他们照看这些花。

一年半过去了，埃伦·兰格回到了养老院，发现了问题：实验组与控制组的老人相比，前者因为经常要做决策，要思考问题，在专注于植物的养护等，于是他们对生活充满希望，态度积极、机灵警觉，而且极为重要的是：他们中的多数仍然在世。而控制组的老人因为什么事情都是事先被安排好的，他们看似在享受，但他们却看起来极为消极，毫无生机，而且这组老人去世的人数比实验组的老人多了一倍。

这个实验的结果让人大吃一惊。由此可以看出，一个人的责任心可以影响人各方面的健康状态。

对此，埃伦·兰格也说过，在现代社会中，很多人觉得无所事事，懒惰是一种安逸、福气，但实际上，它是一种心理上的厌倦情绪，它给人带来的是无聊，是倦怠，是消极。它会剥夺你对前途的希望，割断你和别人之间的友情，使你心胸日渐狭窄，对人生也越来越怀疑，这种消极情绪对人的心力是一种巨大的消耗，影响着人的生活水平和心理健康。

实验延伸：与生命之重相比，生命之轻，更让人无法承受

埃伦·兰格的实验告诉我们：生命无法承受之轻。作为一个人，适当地偷一下懒，极有益于身心健康，而如果一直地懒下去，不想背负一丁点的人生责任，带给人们的将会是消极、倦怠，会让人丧失生活目标，而这种消极情绪，会极大地消耗人对生活的热情，从而影响人的身心健康。

有一位商人，总觉得生活太过疲累，他要赚钱养活全家老小，还要每天应付公司里的事务，觉得自己身上的责任太重，所以感到心烦。

在一天夜里，他做了一个奇怪的梦，梦见自己到了一座金碧辉煌的宫殿，同时，宫殿的主人看到他后，就请他留下来居住。

商人说："我每天都忙于应付生意，要拼命赚钱养活一家老小，真的感到疲累极了。"

宫殿主人答道："如果是这样的话，那么世界上再也没有比这里更适合你居住的了。我这儿有丰富而美味的食物，你想吃什么就吃什么，不会有人来打扰你。而且，保证没有任何人和事能惊扰到你，你也不必为任何人承担责任！"

听罢此话，商人便高高兴兴地住了下来。

在开始的一段日子中，商人每天除了吃，就是睡觉，感到异常地快乐。渐渐地，他觉得有点寂寞和空虚，于是就去见宫殿主人，就抱怨道："这种每天吃吃睡睡的日子过久了也没有多大意思，我对这种生活已经提不起一点兴趣了。你能不能给我找点事情去做，或者给我出一点难题让我思考一下，因为现在的自己就是一具行尸走肉，活着毫无意义！"

宫殿的主人答道："对不起，我们这里从来不曾有过这样的事，你还是待在这里好好地享受吧！"

又过了几个月，商人感到内心空虚极了，就又去找宫殿的主人："这种日子我实在是过不下去了。如果你再不让我去做事，去思考问题，与人交际，我宁愿去下地狱！"

宫殿的主人轻蔑地向他笑了笑："你以为这里是天堂吗？这里可是真正的地狱呀！"

的确，人活着就要思考，要劳动，要去主动承担责任。如果你整天生活在安逸之中，衣食无忧，不用负任何责任，表面上看似在享受，实际上无异于生活在地狱之中。因为长时间将自己浸泡在安逸之中，人也无异成了行尸走肉。

20 世纪伟人的小说家之一米兰·昆德拉在其小说《不能承受的生命之轻》中道出了人生的真谛：人总是害怕承受生命之重，于是拼命地逃离，但如果没有了这份责任的厚重感，又会给人无所适从的缥缈感。小说中的托马斯是一个生命之轻的人生，他是一名医生，有着深厚的知识储备，广为结交各种的伴侣。但他却不愿意承担责任，不愿意承受那份生命的厚重感。他为了逃避责任，与妻子离了婚，放弃了抚养儿子的权利。没有了生命之重的羁绊，托马斯开启了他的"生命之轻"之路。他结交情人，并且还遵守着"性友谊"的三个原则：可以在短时间内去会同一个女人，但绝对不要超过三次；也可以常年去看同一个女人，但两次幽会至少得相隔三周。这种方式让托马斯既能和老情人甜甜蜜蜜，又能拥有许多露水情缘。这份生命之轻是相当愉悦的，没有任何责任需要托马斯去担当。但生命越重越贴近大地，我们更能感受到生命存在的价值。之后，存在于托马斯生命之重的那个人终于出现了，那就是特蕾莎。刚开始，托马斯不想承担这份生命之重，于是他试图去逃避。他讨厌与人同枕共眠，他有种无法克服需要独处的强烈需要。他讨厌深夜在一个陌生人的身旁醒来，他不想自己的浴室出现别人刷牙洗脸的声音，两人一起吃早饭的情形也总是令他作恶……于是，他单独帮特蕾莎安置了住所，保密不告诉其他情人特蕾莎的存在，晚上等到特蕾莎入睡后自己再偷偷溜回去。托马斯以为这种做法可以让自己的逍遥生活继续维持下去，同时还能享受特蕾莎这份特殊的爱，但是他想错了……后来特蕾莎也因为厌恶这份生命之重，企图逃避时，是托马斯一次次地将她找回来。无论是在布拉格的火车站，还是在曾经居住过的小木屋里，托马斯都能准确地找到特蕾莎，拉着她一起承担这份生命之重。但是特蕾莎则无法忍受托马斯对自己的不忠，于是又离开了他。此时的托马斯又恢复到独居生活，这份生命之轻让他感受到了灵魂的虚空，感受到了自己的虚无，于是，他再次去了布拉格找回特蕾莎，找回了那份生命之重！

的确，一个不承担任何责任的生命会是虚无的、空虚的，只有责任感才能激发出生命的那份激情与丰富，才能激发出勇气跨过生活的种种坎坷、磨难，勇敢地活下去。

罗森塔尔实验：期望能产生奇迹

实验结果：期待是一种积极的力量，你期望什么，就能得到什么，你的成就是你期待的成果。

实验过程：精诚所至，金石为开

心理学上有个“皮格马利翁效应”，它源于希腊的一个神话故事：

皮格马利翁是塞浦路斯国王，他极善雕刻。他天生有着浪漫主义幻想，希望找到一个美丽不凡的女子结婚，但是找了许多年，在塞浦路斯王国的内外都找遍了，还是找不到。于是，他决定用自己的技艺雕刻一尊自己理想中妻子的雕像，于是，他开始夜以继日地工作，将全部的精力、热情与爱恋赋予了这尊雕像。在生活中，他像对待自己的妻子那样去爱抚她，装扮她，为她起名加拉泰亚，并向神乞求让她成为自己的妻子。终于，爱神阿芙洛狄忒被他的行为所打动，便赐予雕像以生命，并让他们结为夫妻。

皮格马利翁的故事阐明了一个道理：精诚所至，金石为开。即当你对某件事或物赋予极大的期待、热情、心血和精力的时候，愿望就能够实现。

从这个故事得到启发，美国著名的心理学家罗森塔尔和雅克布森便设计了这样一个实验：

他们随机地找了一所学校，然后从校方手中获得了一份全体学生的名单。经过抽样后，他们向学校提供了一些学生名单，并且告诉校方和老师，他们通过一项测试发现，这些学生有着极高的天赋，只不过尚未在学习中表现出来而已。但其实，这是罗森塔尔和雅克布森从学校的名单中随机抽取出来的几个人，根本没进行什么特殊的测试。

极为有趣的结果出现了，在学年末的测试中，这些学生的学习成绩的确比同级其他学生高出很多。过了若干年以后，这些被选中的学生都已长大成人，他们都在各自的工作岗位上取得了了不起的成就。

此后，同样的实验也在学校的老师中开展。

罗森塔尔和雅克布森找了另外一些学校和班级，这些班级的学生成绩水平相当。然后将这些班级随机分成两组，其中一组为实验组，告诉这些班级的学生他们的老师是经过挑选的特级老师，具有高超的教学水平；另一组为对照组，不进行任何干预。

经过一个学期，测试结果发现，实验组，也就是被告知老师具有高超教学水平的班级，学生学习成绩远高于对照组。

实际上，那些被随机抽取的学生与老师，在智商或能力上与常人并无异，他们为何始终表现得比常人更为出色呢？其实这就是所谓的“期望”在起作用，即当一个人被赋予某种积极的暗示后，这些人在心理上也会受到影响，为了获得对方的赞美与支持，不让他们的期望落空，他们就会尽最大努力将对方的期望转化为现实。

实验延伸：被赋予“信念”的人生，往往有奇迹发生

罗森塔尔实验告诉我们，期望能创造奇迹，你真诚地渴求什么，就能得到希望的结果。每个人在内心深处都渴望得到赞美和肯定，他人的期许往往会成为我们进步成长的动力。许多奇迹就是在赞美和期望中诞生的。经营之神松下幸之助深谙此道，所以他经常亲自给员工打电话勉励他们努力工作，每个接到电话的员工都感到自己被公司看重，为了不辜负总裁的厚望，全都拼命工作，结果松下公司出现了大批可以独当一面的高端人才。如果我们能积极地运用皮格马利翁效应，把家人、朋友、恋人、同事、老板对自己的期望转成不竭的动力，那么我们的人生就有可能改换成另一番模样。

心理学家认为，人是唯一能够接受暗示的动物。罗森塔尔实验中的学生与老师可能都是些普通人，但正是罗森塔尔给他们赋予了某种“信念”，才让他们有了进步。关于信念，心理学这样解释道：我们所拥有的任何观念，都是自我情感的凝聚，如果我们内心相信了它，那么，一个普通的观念就会升级形成我们的信念。

信念左右每个人心念思维活动的范围，并且还以某种模式规范着自我的思考方式，我们的情感资料都会被“框”在这个模式中运行——思想的框框在哪里，心念就只能在那里徘徊。也就是说，一个人只要拥有了信念，那么，其心念便会在那里驻足，那么，最终就能产生巨大的能量、激情、热望，促使人完成人生目标，实现梦想。

你的信念指引着你的行动，你的行动带你走向成功。这是一个过程，它让你向着目标前进。信念犹如一个火把，在远处照亮，即使看不清，也隐藏着变成现实的可能性。

一百多年前，一位穷苦的牧羊人带着两个幼小的儿子替别人放羊。有一天，他们赶着羊来到一座山坡上，一群大雁鸣叫着从天空飞过，很快消失在远方。

牧羊人的小儿子问父亲：“大雁要往哪里飞？”

牧羊人说：“它们要去一个温暖的地方，在那里安家，度过寒冷的冬天。”

大儿子眨着眼睛羡慕地说：“要是我们也能像大雁那样飞起来就好了。

小儿子也说：“要能做一只会飞的大雁多好啊！”

牧羊人沉默了一会儿，然后对儿子说：“只要你们想，你们也能飞起来。”

两个儿子试了试，都没能飞起来，他们用怀疑的眼神看着父亲。

牧羊人说：“让我飞给你们看。”于是他张开双臂，学着大雁的样子，但也没能飞起来。可是，牧羊人肯定地说："我因为年纪大了才飞不起来，而你们还太小。只要不断努力，将来就一定能飞起来，到那时，你们就可以去任何想去的地方。"

两个儿子牢牢记住了父亲的话，并一直不懈地努力着。等到他们长大，哥哥 36 岁，弟弟 32 岁时，两人果真飞起来了，因为他们发明了飞机。

这个牧羊人的两个儿子，就是美国著名的莱特兄弟。

牧羊人是一个好父亲，他给了两个儿子极大的自信。作为家长，是孩子的第一任老师，孩子的成长过程中一定要多加肯定。无论他们有多么好奇、不可思议的想法，不要轻易否定他们。他们最需要的是长辈和老师给予的希望和鼓励。这是他们以后能否成才的一个很关键因素。

强烈的信念能够激发出惊人的力量，它是成功的动力源泉，在你遇到困难时，它可以帮助你积极地想办法解决问题，而在你一无所有的时候，它又能带给你勇气，使你重新站起来，继续前进，直到成功。

因此，你做任何事情的时候都要给自己树立一个坚定的信念，这个信念会产生巨大的力量，引领着你走向成功。

哈佛心理学家指出，决定一个人是否处于最佳状态的因素便是你的信念。当你的心灵只为一种可能的结果所盘踞时，你的心灵就会产生一种魔力，你的思考过程和整个神经系统就会将一切的力量都凝聚于产生这个结果，最终达到目标。

威廉·詹姆斯实验：人类具有相互竞争的天性

实验结果： 争强好胜是人的天性。

实验过程： 竞争意识也是推动社会进步的主要力量

威廉·詹姆斯是美国著名的心理学家，他做过这样一个心理学实验：他在一所学校随机选取了一些学生，并将他们随机平均分成两组。同时，让这两组学生两两结合，但是不能商量，各自在纸上写下自己想得到的钱数。如果两个人的钱数之和刚好等于 100 或者小于 100，那么，两个人就可以得到钱数；如果两个人的钱数之和大于 100，两人则要分别付给威廉·詹姆斯一些钱，比如两人的钱数之和是 120，那么，他们俩就要分别付给心理学家 60 元。

结果如何呢？几乎没有哪一组的学生写下的钱数之和小于 100，当然他们就都得付钱。

这个试验进行了好几组，但多数学生都倒付钱给威廉·詹姆斯。

于是，威廉·詹姆斯便得出结论：争强好胜是每个人的天性，每个人与生俱来都有竞争意识。同时，竞争意识也是推动人类前进的巨大动力，人类也正是有了这种不甘居人之后的心态，造就了当代社会的不断创新与繁荣发展。

实验延伸： 有共同利益时，也会“暗自较劲”

威廉·詹姆斯验证了心理学中的“竞争优势效应”，即指在双方有共同利益的时候，人们往往会优先选择竞争，而不是选择对双方都有利的“合作”，即便是合作，也会在私下里“暗自较劲”，希望自己能比别人表现得更好。对此，社会心理学家认为，人们天生就有一种竞争的天性，每个人都希望自己能比别人强，每个人都不能容忍自己的对手比自己强。因此，人们在面对各种利益冲突的时候，往往会选择竞争，即便是拼个两败俱伤也在所不惜。

有这样一个笑话：上帝曾向一个人许诺说："我可以帮你实现三个愿望，但是有一个条件：你在得到你所想要的东西的时候，你的邻居将得到你所得到的两倍之多。"

这个人答应了，他向上帝说出了自己的愿望：第一个愿望是得到一大笔财产，第二个愿望是得到一大笔财产，而第三个愿望却是"请你把我打个半死吧！"其实这句话的心理动机是，如果你把我打个半死，那么邻居岂不是要被"完全"打死了？如果是这样，那么他从我身上赚到的"便宜"岂不是要付出生命的代价呢？虽然为此要被打个半死，但为了不要他人得到好处，也是非常值得的！

这虽然只是一则笑话，但却道出了人性的一面：人人都渴望做"人上人"，都想被人仰视，让人羡慕。人们为了满足这个虚荣心，总是拼命地与他人竞争，奋力向前，生怕落后于人。

无可否认，强烈的竞争意识具有强大的动力功能，它能够极大地调动每个人的积极性、创造性，发挥想象力，使人的科学技术和潜能得到全面、充分地发挥，从而使整个企业的竞争能力得到全面的提高。所以，我们个人要想较快地发展，取得成功，必须培养自己强烈的竞争意识。

当然，只有正当的竞争才能推动一个人和组织向良性的方向发展。所以，我们在培养自我竞争意识的过程中，也要明白，竞争不应该是狭隘的、自私的，竞争者应该具有十分广阔的胸怀。竞争不应该是阴险和狡诈、暗中算计人的，而应是齐头并进，以实力超越；竞争不排除协作，没有良好的协作精神和集体信念，单枪匹马的强者是孤独的，也不容易取得真正的成功。要树立正确的竞争意识，首先就是要懂得培养你的竞争对手，同时也要学会向其学习，吸取他们的长处，学会欣赏和理解他们，并对其心存感恩。

在商界曾流行这样一段话，颇具意味：如果没有麦当劳，肯德基的汉堡也不可能这么好吃；如果没有可口可乐，百事也不会如此壮大；没有狮子，羚羊永远也跑不快。真正激励一个人不断成功的，不是鲜花和掌声，不是亲朋的赞美，而是那些可以置人于绝路的打击和挫折，以及那些一直想把你打败的对手以及虎视眈眈的同行。这也正如一位哲人所说，任何的学习，都比不上一个人在与敌人较量的时候学的迅速、深刻和持久，因为它能使人更为深入地了解社会，接触社会现实，使个人得到提升与锻炼，从而为自己铺就一条成功之路。所以，从一定程度上来说，我们还要去感激你的那些对手、敌人，正是因为他们，才加速了自己成功的步伐。如果你能以一颗宽容、感激的心态去对待你的敌人，那么，你将不再是一个悲观消极，面对失败、挫折、苦难掩面而泣的人，你也会成为一个无往而不胜的勇士。

猩猩实验：情绪具有感染性

实验结果：你的情绪是会感染到别人的，所以，你想别人以怎样的态度对你，你就先以怎样的态度去对待别人。

实验过程：情绪的传染效应

有位心理学家与动物学家做过一个有趣的心理学实验，他们实验的对象是大猩猩。在两间墙壁镶嵌着许多镜子的房间里，分别放进两只猩猩。其中一只猩猩性情温顺，刚进到房间，便高兴地看到镜子中有诸多的“同伴”，它们都对自己报以友善的态度，于是它很快便兴奋了起来，与这些新“朋友”打成一片，并且在房间中奔跑嬉戏，彼此和睦相处，关系极为融洽和友善。三天后，当它被实验人员牵出房间时还仍旧恋恋不舍。

另一只猩猩则性格暴躁，它从进入房间的那一刻起，便被镜子中“朋友”那种凶神恶煞的态度给激怒了，于是它便与新的“群体”进行无休止地追逐与厮斗。三天后，它是被实验人员拖出房间的，因为这只性格暴躁的猩猩早已经被“朋友”的凶狠给不断地激怒，最终气急败坏、心力交瘁而死亡。

这个实验说明，“情绪”是有传染效应的，你如果对别人表现出愤怒、不快、焦虑等情绪，那么对方也会对你表现出类似的反应。同样地，如果你对别人表现出欢快、高兴、兴奋等情绪，那么对方也会对你有类似的反应。在心理学上，这种现象也被称为“态度效应”。

实验延伸：别让情绪病毒蔓延

猩猩实验告诉我们，生活是一面镜子，你若对它笑，它也会对你笑。在人际关系中，别人也是一面镜子，你若对对方笑，他也会对你笑。也就是说，情绪就像感冒一样是具有传染性的，不管是好情绪还是坏情绪，不管是生活中还是工作中。情绪会通过一个人的姿态、表情、语言、行动传达给周围人一些信息，不知不觉中大家就会被“感染”，又通过与其他人的接触，传染给他人……最后会引起循环连锁反应。

当然，一个人好的情绪能够感染到周围所有人快乐，是一件求之不得的事。但是倘若是坏情绪，躲闪还来不及，因为情绪很多时候都是我们主观地表达出来的。有专家认为，负面情绪有时比正面情绪更容易传染，因为人都是有同情心和善心的，在看到别人难过时总会不由自主地去安抚，这样就使坏情绪更容易蔓延。因此，当我们遇到周围的人需要抚慰时，首要的原则就是别让他的坏情绪影响你，在你和他之间，挖一条护城河隔离他携带的情绪病毒不要侵害到我们，同时我们也要控制自己的坏情绪不要感染到别人。

第一，不要让情绪病毒在生活中传染。

在生活中，坏情绪一旦传染，就会引发意想不到的“蝴蝶效应”。比如在一个家庭中，如果有一个脾气暴躁的人，在他生气的同时就会引起大家的不愉快。在朋友中，如果有一个悲观的人，他的悲伤情绪就会让身边的朋友所感受到或体验到，在朋友帮助他排忧解难的同时，就会不自觉地受到影响，最后大家就都沉浸在一种消极悲观的氛围之中。

一名企业家因经营不善导致公司倒闭破产了，他把自己关在屋子里，茶饭不思，寡言少语，终日卧床不起。刚开始，他上初中的儿子极力照顾自己的父亲。没想到过了半个月后，母亲发现儿子没去上课了，原来儿子在上课时心不在焉，情绪低落，最终辍学回家。企业家的妻子在费尽心思寻找到一名心理医生时，还没开口，就失声痛哭，边哭边说：自己快要崩溃了……

美国洛杉矶大学医学院的心理学家加利·斯梅尔做过一个实验：他让一个心情良好、乐观开朗的人跟一个心情很糟、愁眉苦脸的人住在一起，不到半小时，乐观的人也开始变得郁郁寡欢起来。紧接着他又做了一系列的实验，结果证明：一个人被别人的低落情绪所传染只需要 20 分钟，一个人的同情心和敏感性越强烈，就越容易被坏情绪所感染，而且这种感染是在人们浑然不知的状况下完成的。

近年来社会上很多艺人相继自杀，尤其韩国明星自杀成风，几日内 3 名艺人相继自杀。经过心理医生的分析，除了受他们所处的环境影响，最重要的是这些艺人之间情绪相互传染所致。

其中一名叫崔真实的艺人，其导演在接受记者采访时说：“崔真实是开朗、有激情的女孩，但她身边有几位关系好的朋友曾自杀身亡，可能对她的影响比较大。”

据统计：80％～90％的自杀者生前患有抑郁症，包括这些明星，而且明星是患抑郁症的高危人群。一方面是因为高高在上的明星关注度更高，在众人追捧的情况下对自己要求更加严格和完美。但随着行业内竞争的激烈和残酷，他们的荣华富贵也是极不稳定的，这就导致他们长期背负沉重的心理包袱。另一方面就是明星间抑郁的情绪会互相感染，因为处于同一环境，面对困惑和压力更容易产生共鸣，即感同身受，于是形成互相扶持的“围墙”共同抵抗娱乐圈的猛烈洪水。一旦有人绝望倒下，就会出现漏洞，随之一个又一个倒下，这样就有可能形成连锁效应。

第二，不要让情绪病毒在工作中传染。

美国汽车大王亨利·福特说：“我最喜欢积极工作的员工，因为他们一积极起来，便会调动顾客的积极情绪，生意便做成了。”积极的情绪会让生意做成，那么消极的情绪呢?

其实，办公室中员工的情绪更容易互相影响。比如办公室中有一个人因受情绪困扰工作状态不好，其他员工就会照猫画虎，减少了完成工作的积极性。工作中的压力也会传染，当大家一块互诉压力时，就会同时感觉到危机四伏，压力重大；当一个人焦虑工作完成不好受上司批评时，就会在办公室中迅速传播，影响其他人的信心。

因此，在工作中我们尽可能地避开与坏情绪的人接触和聊天，不要让他的情绪病毒影响到我们一天的好心情，从而引起工作效率的低下。

情绪如同电波，会在空气中形成电磁场，看不见摸不着，但是一旦我们一不小心碰触，精神状态就会受到影响，严重时，我们也就成了携带病毒的“病人”。

白熊实验：你越想忘掉，越是忘不掉

实验结果：你越是不想要的东西，偏偏越会占据你的思想，你试图赶走或禁止的念头，可能会以强烈的方式回到你的脑海中。

实验结果：越强迫忘记，越难以忘记

白熊实验是心理学教授丹尼尔·韦格纳做过的一个心理学实验。实验过程是这样的：1987年，丹尼尔找到一批志愿者，并且将这些志愿者分为三组，然后给他们播放关于白熊的影片，影片长约50分钟，看完影片后，丹尼尔反复地对第一组志愿者说："你们要记得那头白熊哟。"反复对第二组志愿者说："你们可能会喜欢上那头白熊！"最后反复对第三组实验者说："你们千万别去想那头白熊！"

这件事过去一年了，丹尼尔又分别找到那些志愿者，询问他们是否对他说过的关于白熊的话有印象。结果竟然是被告知"千万别去想那头白熊"的一组。

为此，丹尼尔得出结论：你越是想忘记某事，越是向大脑发出了"记住它"的命令，即抑制思考反而激活了思考。这个实验也告诉我们，对于事情，你越想忘记，反而"记得"的越清楚。

实际上，人脑与机器的最大不同在于，人脑不仅仅会思考，而且还会思考自己的思考。当我们在试图赶走白熊的时候，大脑会先启动认知，告诉你"这是白熊"，然后启动认知告诉你"我不想要白熊"，一旦你想否定一个东西，你的脑子中就一定会出现这个东西，更为要命的是，我们的想法是会彼此连接的，哪怕不直接去想白熊，一旦遇上和白熊有关的事情，你头脑中的白熊还是会被激活，所以你越是想摆脱白熊

便越难以摆脱白熊是件困难的事。

心理学家把这种奇怪的现象称为“精神控制讽刺过程”，具体指的是，如果你强迫自己做些禁欲精神训练和自我启发，也许到头来只能起到反作用。“越想做好越做不好”的现实会让人陷入痛苦之中。

实验延伸：但凡被你压制的，力量都会增强

白熊实验，在现实生活中有着极为广泛的应用。比如强迫症患者总有这样的体会，我们越是害怕，越逃避，越告诉自己“不要想，不要想”，反而想的越厉害，想的越痛苦。就如著名心理学家荣格所说的：“你所抗拒的，就是你所关注的”。所以我们“越想忘记”，反而记得更深，越不容易忘记。你要想真正摆脱一件事，最好的办法就是顺其自然。不要将某件事情看得非忘记不可，好好将注意力放到自己日常应该开展的生活、工作中，时间久了自然会淡忘。对想记住的事情，只要不断地重复，不断地刺激大脑，而要想淡忘，就需要顺其自然，这是思维的规律。生活中，我们对待焦虑、痛苦等负面情绪也应如此。

比如当焦虑袭来，如若一直采用逃避、不敢正视或对抗的态度对待它，不断地强制自己“不要焦虑，不能再这样下去了，我要逃离你……”内心的焦虑感便越来越强。再如，你最近工作不顺心，情绪沮丧，晚上失眠，心里总想着“让它过去，让它过去”，如此下去，人会变得更加焦虑，第二天心情也会变得更加沮丧。与其与之对抗，不如顺其自然，或者学着去主动拥抱它，并且默默地对着心中的焦虑说：“我看到你了，你是我生命中的一部分，我接受你，接纳你，我愿意给你更为广阔的空间，谢谢你，我爱你。”当你这样说时，坏情绪就会像个调皮的娃娃，被看见理解和接纳，它便会变得柔软，进而慢慢地消失了。

对此，江潇就有这样的感受，她这样向朋友讲过她的一段经历：

“在做杂志编辑的那几年，因为工作需要，经常要外出采访。有一段时间我采访的对象是社会的精英和创业成功的企业家。我担心采访的

时候注意力不够集中，影响稿件制作和自身形象，所以，每次都会在头一天晚上很早地计划早睡，希望在第二天能够以最好的精神状态面对采访对象。可是，每次我都以失败而告终。或许是太想早睡，所以每当躺在床上的时候，总是忍不住想晚睡会让我第二天精神不佳，不停地期待能在 11 点之前睡着。可是，当我努力地想让自己睡着的时候，结果却是越睡不着。

尤其在当时焦虑的状态下，我每晚睡一分钟，我的担心就会增加一分。最后是越想越恼怒，直到晚上 11 点钟，彻底崩溃！第二天，在采访的时候经常会出现精神状态不佳，效率低下，极容易出错，为此，我常被领导批评，被采访对象嫌我不够专业。自尊心受到严重打击的我在地铁上暴哭，也正因如此，我开始思考自己的睡眠问题。

直到一天晚上，我试着早睡，我想到以前经常用的祷告，一开始试着接纳自己，试着接纳因为第二天采访头一天晚上可能会失眠的事实，不再期待让自己 11 点之前睡着。于是我便放下失眠，接受自己每次面对越想睡觉越睡不着问题的无能为力。然后静下心来，对自己的‘内在焦虑的小孩’说：‘你是如此可爱，可是此时我是如此想睡觉，还是让我睡着吧！’于是，我的身心便慢慢地开始放松下来了，很快便睡着了。几乎每次遇到难以入睡的问题的时候，我都是用这种方法，屡试不爽！接纳自己不容易入睡的问题，进而让自己在完全放松的状态下，自然地睡着。”

臣服和接纳意味着融合，使其与你的生命合一。从这个状态中所产生的行动是最有力量的，它可以改变你周遭的世界！当一个人开始接纳的时候，内在的积极能量便会被唤醒，进而在其积极能量的引导下，你就会柔和地去对待你的“内在小孩”，然后，你的行为和所有的意识都会融为一体，人就会在完全放松的状态下，达到你想达到的状态。

所以，当你遭遇情绪问题时，千万不要试图刻意地摆脱它，与之对抗，更不要抗拒和否认，但凡被你抗拒、否认和摆脱的，力量都会加强。而应该学着去顺其自然，或者去接纳，承认事、人或事物原本的模样，不做任何否定的审判，接纳它之后方能好好地去控制它。

感官剥夺实验：孤独是人内心最深的恐惧

实验结果：对于人来说，内心最可怕的恐惧不是死亡、疾病，也不是任何非人的折磨，而是孤独。

实验过程：剥夺一个人的感官，便等于剥夺了其生命

1954年，心理学家贝克斯顿、赫伦和斯科特等心理学家，在加拿大的麦克吉尔大学进行了首例感官剥夺实验。他们找了一批大学生，每天付给他们20美元作为报酬，让他们待在缺乏刺激的环境中躺2～3天。具体来说，就是让他们处在一个非常狭小的隔离室，那里只能放下一张床，一侧的墙壁上面有一个观察窗。另外，心理学家对他们的感官进行了限制或者说是剥夺，即让他们戴上特制的半透明的塑料眼镜，这限制了他们对外界事物的图形形成的知觉，同时再让他们的手与臂上都套有纸板做的手套和袖头，这限制了他们的触觉，另外，他们所在的卧室是完全隔音的，除了能听到有空气调节器发出的单调的嗡嗡声外，没有任何声音会进入他们的听觉器官。这也意味着，这些学生完全被限制或剥夺了视觉、触觉与听觉感官，让他们静静地躺在舒适的帆布床上面。除了吃饭和上厕所，他们不能离开隔离室的床。

当时大学生打工一小时大约能赚50美分，可试验者提供给大学生的这个报酬让受试的大学生们跃跃欲试，他们早已经厌烦了学校的学业论文、课程计划，他们都想趁这个实验，好好地睡上一大觉，况且还有

不菲的收入，岂不是一举两得！但是，这个试验第一天，一切都还正常，很多受试者都是借此来补觉的，但是睡多了自然是会醒过来的。可是，此时他们的大脑失去了外界信息的刺激，只能靠想象来打发时间了。不到三天的时间，部分受试者便开始出现幻觉，从简单的几何图形，再到立体的人物，甚至是某些场景。这些幻想即使是在研究者尝试与受试者对话都不会消失。一些受试者坚持不下去便提前放弃了这个试验。

他们说，在那样的环境中，他们感到非常难受，根本无法进行清晰的思考，哪怕是在很短的时间内注意力都无法集中，他们的思维活动总是“跳来跳去”，更为可怕的是，50%的受试者出现了幻觉，包括视幻觉、听幻觉和触幻觉，视幻觉如出现光的闪烁，听幻觉让他们似乎听到狗叫声、打字声、滴水声等，触幻觉则感到有冰冷的钢板压在前额与面颊上面，还有的感觉到有人从身体下面将自己的身下床垫抽走，有的受试者甚至体验到了“灵魂出窍”的感觉……有了这些体验后，在之后的几天里，他们有了注意力涣散，无法进行明晰地思考，智力测试的成绩不理想等体验。同时，几位心理学家通过对这些被剥夺了感官的受试者脑电波的分析，证明被试者的全部活动严重地失调，有时候，这些被试者中甚至还出现了幻觉，即白日做梦的心理现象。

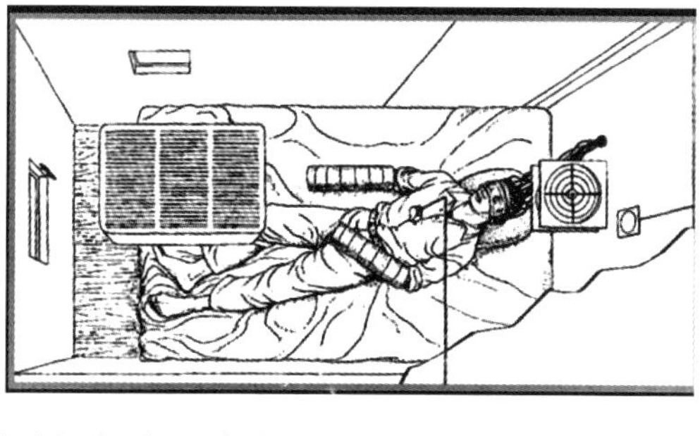

心理学家通过切断志愿者各种感官与外界信息的获取途径，让他们处于高度隔绝的、极致的、孤独的状态中。实验证明：丰富的、多变的

环境刺激是人生存的必要条件，而当人的感官一旦被剥夺后，就会产生难以忍受的心灵痛苦，各种心理功能将受到不同程度的损伤。这也再一次证明：对于人类来说，内在最深的恐惧不是疾病、死亡，甚至不是其他非人的折磨，而是孤独。

实验延伸：也许，活着的意义就于在不断地寻求与社会的各种链接

人是一种群居动物，一个人总是渴望通过感觉、嗅觉、听觉乃至视觉与这个世界更多的人与事发生链接，于是，便有了说走就走的旅行、暴饮暴食、到舞厅或歌厅中寻求听觉与视觉上的刺激，我们寻求这些刺激的根本原因就在于抵抗内在的孤独。另外，我们也渴望与周围的人发生更多的链接，而良性的链接能激发出我们身上的能量，比如，在良性的家庭关系或职场关系中，我们收获他人的鼓励、赞美、祝福乃至温暖的安慰，这个时候，我们的精神是被满足的，我们整个生命也是被他人看见的，为此我们内心就会滋生出美妙的幸福感，它最大程度上能让我们抵抗外界的孤独。而相反，当我们与外界的链接一旦受挫，比如在人际关系中，我们被人孤立，被冷漠对待，意味着在一定程度上我们被剥夺了听觉、感觉乃至视觉，那么，我们内心便会被孤独缠绕，悲凉、冷漠与绝望等。正如心理学家武志红所说："带着攻击性的生命力，要伸展自己。如果在伸展的过程中，获得了满足和回应，它就会被祝福，成为生的能量，如热情；如果未被满足，而是被拒绝或忽略，它就会被诅咒，成为死的能量，如破坏欲与恨意。"

2018年，有这样两则新闻：一个说的是加拿大一对90多岁的老夫妇乔治和雪莉在婚后73年，决定携手安乐死，原因是他们害怕一方的突然离开会给另一方带来莫大的痛苦；另一个说的日本天王北岛三郎的次子大野诚，在家中猝逝，终年51岁。遗体被发现时已经死亡一周有余。他的死因并不是什么疾病，而是"孤独死"。

"父母在，仍远游"早已成了现代社会的一种常态。人生本来就是

一场又一场的离别。可是在空荡荡的房间里，一个人等待死亡，却又是另一回事了。再豁达的人，面对这种寂寞，也难免有一丝凉意吧。这些独居老人们，在生前的最后一段时间里，可能会因为行动不便，无法外出。也可能努力向外界发出过信号，但未被注意到，这又何尝不是一种变相的感官剥夺呢？

鳄鱼实验：最恐惧的是恐惧本身

实验结果：人们恐惧的往往只是恐惧本身，而与外界的境遇关联不大！

实验过程：让人害怕是不是吊桥下的鳄鱼，而是人内心对鳄鱼的恐惧

一天，有位心理学教授随机在一所大学抽取了一个班级的学生。他将人叫到一个黑屋子里面，让他们一个个地排队跟紧前面的人一步步地往黑屋子里走。于是，人们就按要求全部走过了黑屋子。走了一段路程后，教授将屋子里的灯打开，吓了学生们一大跳。原来，他们刚才都是踏着一块木板做成的木桥走的，而屋子地下则挖了个蓄水池，水池里面养了好几条吃人的鳄鱼，个个都张着血淋淋的大嘴。这个时候，教授对人们说道："大家刚才都非常勇敢地走过了桥，很好。现在大家请勇敢地再一次走回去吧！"

这个时候，学生们都不敢出声，死活不愿意再走那个木桥。教授们连哄带骂地催促学生们走过去，这个时候只有两个胆大的年轻人哆哆嗦嗦地、慢慢地趴在木板上面爬过去！

那两个人爬过去后，后面的人就再也不敢过去了。教授看了一眼后，

便又开了另外一盏灯。这时学生们才看到，原来在木板跟水池之间还有一张防护网。这个时候，又有几个胆战心惊的人一步步地走过了木板桥。

最终，还有几个人在犹犹豫豫。他们便十分胆怯地问教授："那张网结实吗?"教授哈哈大笑，随手搬起旁边的一块不小的石头往网上面抛去，大石头掉落在网上，防护网安然无恙，最终那几个人才轻轻松松地走过了木板桥!

在上述实验中，独木桥下面的设置一直未变，当学生不知道真实情况的状态下，却能够坦然过桥。但是知道真相后，却吓得面无人色，再也不敢从桥上走。这告诉我们，你内心真正所恐惧的只是恐惧本身，而与外在的境遇毫不相干。

在多数时候，我们所遇到的生活"灾难"，最为可怕的并不在于"灾难"本身，而在于你将它的严重性做了过分地扩大，并且最终被困难所吓倒，从而一败涂地，甚至还会断送性命。

实验延伸：恐惧是内心滋生出的一种力量

这个心理学实验告诉我们，很多时候使我们产生恐惧的并不是外界的环境，比如磨难、创伤、困难和挫折，这些本身并不恐惧，恐惧是我们内心滋生出来的一种力量，这种力量使我们否定自己，夸大了外在的危险，从而被恐惧所笼罩。

罗斯福在担任美国总统期间，西方世界陷入了有史以来十分严重的一次经济危机，美国也受到了前所未有的经济困难。美国社会经济萧条，在街上随处涌动着失业人群，股市的崩盘也使许多原本富有的人一夜之间变得一无所有……整个社会最终陷入极为严重的恐慌之中。在这样的局面下，罗斯福说了一句至理名言："我们唯一值得恐惧的就是恐惧本身——一种会使我们由后退转而前进所需要的努力陷入瘫痪的那种无名的、没有道理的、毫无根据的害怕。"

他发表的著名的"炉边夜话"，帮助人们稳定情绪，对平息内心的恐惧起到了十分重要的作用。当内部的恐慌平息后，罗斯福顺利实施了“新政”，最终带领人们走出了困境。

由于未知，所以恐惧；因为恐惧，而越加相信。于是恐惧在心中滋生、蔓延，进而占据你的心房，让你害怕。记得罗斯福说过：真正让我们恐惧的只是恐惧本身。其实，恐惧只是我们对未知事物的不确定。倘若我们能深入地了解该事物，也就无所谓恐惧了。

日本著名的佛教学者铃木大拙在其著作中讲过这样一个故事：

一个著名的茶师要到京城办事，为了保证行路过程的安全，他就在腰上挎了一把剑，扮成了武士的样子。只是怕什么就来什么，在行途中他遇到了一位浪人，并向茶师挑衅说：“你也是武士，咱们比比剑吧！”茶师说：“我不懂武功，我只是个茶师。”浪人说，你不是一个武士而穿武士的衣服，就是有辱我武人的尊严，你就该死在我的剑下！

茶师一想，躲是躲不过去了，就说你容我几个小时，等我把要办的事情做完，今天下午我们就在池塘边见。浪人答应了。

这个茶师便直奔京城最有名的大武馆，他看到武馆外面聚集着成群结队来学武的人，茶师直冲进去，对里面的大武师大喊：“求您教我一个最体面的死法吧！”

里面的一位大武师很是吃惊，说来我这里的人都是为了求生，你是第一个求死的，这是为何呢？

茶师便把他与浪人相遇的情形复述了一遍，然后说，我只会泡茶，但是今天要跟人决斗了，我只想死得有尊严一点。

大师武说，那好吧，你就再为我泡一遍茶，然后我就告诉你办法。

茶师很是伤感，他说，这可能是我在这个世界上泡的最后一遍茶了。于是，他做得很用心，很从容地看着山泉水在小炉上烧开，然后将茶叶放进去，洗茶、滤茶，再一点点地将茶倒出来，捧给大武师。

大武师一直看着这个泡茶的全过程，他品了一口说，这是我有生以来喝过的最好喝的茶了，我可以告诉你，你不必死了。茶师说，你要教给我什么吗？

大武师说，我不用教你，你只要记住用泡茶的心去面对那个浪人就可以了。

这位茶师听罢便去赴约了。浪人已经在那儿等他，见到茶师，便即拔出剑来，你既然来了，那我们开始比武吧！

茶师一直想着大武师所说的话，就以泡茶的心面对这个浪人。

只见他笑着看着对方，然后从容地将帽子取下来，端端正正地放在旁边；再解开宽松的外衣，一点点地叠好，压在帽子下面；又拿出绑带，把里面的衣服袖口扎紧；然后将裤腿扎紧……从头到脚不慌不忙地装束自己，一直气定神闲。

对面这个浪人越看越紧张，越看越恍惚，因为他猜不出对手的武功究竟有多深。对方的眼神和笑容让他越来越心虚。等到茶师全部装束得当，最后一个动作就是拔出剑来，将剑指向了半空，然后就停在了那里，因为他也不知道，再往下该怎么用了。

此时浪人扑通给他跪下了，说，求您饶命，你是这我辈子见过的最有武功的人。

其实，什么样的茶功使茶师取胜呢？就是心灵的勇敢，那种从容、笃定的气势。

故事中的茶师并不会武功，但是其心灵的勇敢，让他避免了一场人生灾难；而那位武功高强的浪人在害怕的一瞬间，内心已经开始投降，失败也就成了一种必然，打败他的并不是对手，而是他自己内心滋生出来的恐惧。

生活中，很多人可能都懂得这个道理，但是在遇到“险境”的时候，我们总还是会忍不住带着个人感情色彩去夸大它的“危险性”，从而使自己的心理处于弱势，失败也成了必然。

小鲨鱼实验：避苦趋乐是人之本能

实验结果：避苦趋乐是人之本能。

实验过程：再强大的动物也害怕接二连三的痛苦

在现实生活中，人受到接二连三的挫败后，为何就失去了斗志？人在多次受到情伤后，就难以再去勇敢爱了，即便是遇到真爱，也容易心生疑虑……实际上，人在某一方面受到伤害或感受到痛苦时，就会在这一方面变得极为敏感、脆弱，再也勇敢不起来，就像我们身体的某个部位受了伤，稍一触碰就会感到疼痛一般。关于此，一位心理学家做过这样一个实验：他将一只饥饿的小鲨鱼和一群热带小鱼装进了一个玻璃缸里，中间用一块透明的强化玻璃隔开。面对着美味的食物，鲨鱼忍不住一次又一次地向中间的障碍物——那块强化玻璃发起了冲击，可是每次都没有成功，反而把自己弄得伤痕累累，有一次甚至把自己的嘴角撞出血来。渐渐地，小鲨鱼失去了继续发动进攻的勇气，眼看着色彩斑斓的小鱼在自己面前肆无忌惮地游来游去，它长期忍饥挨饿，一边吞着口水一边绝望地望着本来可以唾手可得的食物。

后来，实验研究人员把强化玻璃取出，小鲨鱼还是没有向热带小鱼游过去，它对美味的小鱼熟视无睹，似乎丧失了猎食的本能，早已没有了在海洋里纵横驰骋的霸气。与其说小鲨鱼被人为制造的假象所蒙蔽，不如说它怯懦，撞击的疼痛给它带来了深深的恐惧，为了避开痛楚，它放弃了猎食的快乐，舍弃了近在眼前的幸福。

这个实验告诉我们：再凶猛强大的动物也害怕不停地受伤，再骄傲自信的人也难以承受接连的痛苦打击。尽量地躲避痛苦，追求安逸、快乐是人之本能。

实验延伸：别让恐惧的阴影击垮你

小鲨鱼实验告诉我们，人很容易在接二连三的打击面前倒下。有一句话是说：“失败本身并不可怕，重复失败也没有那么可怕，可怕的是重复失败一次又一次将你想要改变的希望、决心、信心摧毁，让你丧失自信，陷入绝望，质疑自己，裹足在不安与恐惧中寸步难行。”的确，恐惧失败比失败本身更具破坏力，它可以摧毁人的意志于无形，让人陷入失败——恐惧——再次失败的循环怪圈里。

你是否有过这样的经历：第一次失败觉得自己运气不好，第二次失败觉得自己没有发挥好，第三次失败觉得自己受到了干扰，第四次失败信心便开始动摇，认为自己就是个彻头彻尾的失败者。也许这就是事不过三的道理，人的承受能力是有限度的，超过了容忍范围就有可能抓狂。偶尔的失败就像得了一场感冒，并不会对你的生活造成太大的影响，可是接连的失败就像一场重疾，足以对你的人生产生巨大的破坏力。

莉迪亚在职场打拼两年后，在事业和家庭之间选择了家庭，她离开了工作岗位，成为一名相夫教子的家庭主妇。等到女儿到了上幼儿园的年龄，她萌生了重返职场的念头。可是和社会脱节这么多年，想要重新找到自己的位置并不是那么容易的。尽管与其他求职者相比，她具有一定优势，比如较高的学历和在知名大企业工作的相关经验，但迅速从家庭主妇回归到职业女性的角色对她来说却是一个不小的挑战。

莉迪亚接连面试了六次，都失败了。第一次失败，她认为主要是因为时间太过仓促，面试前一天她忙着给女儿烘烤饼干，没有充足的时间来研究应聘的公司。第二次面试，她又遇到了突发情况，她的妹妹在面试前一天晚上打电话给她，一讲就是三个钟头，她没有把电话挂断，因为她妹妹的情绪失控，已经到了歇斯底里的地步，她尽了最大努力去安抚妹妹的情绪。由于没有休息好，第二天面试时她发挥失常了。第三场面试的前一晚，她偏头痛犯了，结果一整夜都没睡，等她拖着疲倦的身体赶到面试地点时，才发现简历忘带了，当天她在头昏脑涨的状态下含含糊糊地回答了几个问题，得到的是等候通知的回复，结果那次面试又泡汤了。

第四次面试时她没有受到任何客观因素的干扰，休息得很充分，也花了很多时间研究应聘的公司，可结果她还是失败了，第五次和第六次面试也是这样。莉迪亚再也找不出理由为自己的失败辩护了，她感到尴尬和丢脸，对面试越来越恐惧，以后在求职的过程中她总是战战兢兢，可是她越是害怕失败，失败越是如影随形地陪伴着她，她对自己几乎丧失了全部信心。

对于内心脆弱的人而言，失败是一种负面体验，它就像一团黑云，会在心头投下巨大的阴影，聚集起来足以遮蔽整个天空。失败的叠加便意味着这团黑云要释放更多的负能量，这时人如果没有强大的抵抗能力，就会被彻底击垮。

克丽丝是波士顿一家商贸公司的经理助理，有一天她的隐形眼镜出了问题，由于高度近视，她看不清邮件里的货币符号，为了核实邮件的内容，她不得不厚着脸皮去问主管：“这笔款项是以人民币计价还是以其他货币计价？”主管瞥了一眼邮件，上面赫然标记着＄60000，他真不明白眼前这个有着三年外贸经验的助理究竟是怎么回事，这么简单的问题都弄不明白，便语气不悦地说：“你仔细看看货币符号，这不是美元吗？难道是人民币、欧元、日元？这点常识连小学生都知道。”

克丽丝受了一顿训斥，心情非常低落，之前她的工作能力从来没有被怀疑过，她平生第一次知道了什么是挫败感。接下来发生的事情更是加剧了她的挫败感。有一次公司派她去见一个大客户，她因为太过紧张把写有客户具体地址的字条弄丢了，只好悻悻地回公司，结果被主管严厉地批评了一顿。还有一次她代表公司应邀参加一个展览会，因为逢上雨天，她穿了一双黑色的雨鞋，而不是得体的高跟鞋，使公司的形象大打折扣，主管忍不住大发雷霆。一次又一次挫败的经历彻底摧毁了克丽丝的自信心，最终她选择了辞职。

如果你一次又一次地把事情搞砸，难免会对自己的能力做出负面的评价，有时甚至会说出自暴自弃的话来，例如“我什么都做不好”“我真是一个一无是处的废物”等，一旦你被这种自我贬义的情绪所控制，便会放任自己，让情绪性感冒发展成心理性肺炎，进而因为无助和绝望陷入深深的忧郁中。打败失败恐惧感的方法最有效的方法莫过于重新获得掌控感，你必须放弃自怜自伤，打一场漂亮的翻身仗，以此来重塑自我认知。

索西根实验：假装微笑，真的会让人心情变好吗

实验结果：面部变化真的会引发人内在新的情绪。

实验过程：总是微笑，即便微笑是假装出来的人会更乐观

生活中，当我们心情郁闷时，就会有周围的人劝解我们说：“那先让自己笑起来吧，试着去微笑，心情就会好起来！”有时候，当朋友情绪低落的时候，我们也会给他类似的建议：应该到别的地方找点乐子，将注意力从那些困扰自己的事情上面转移开来……这些话听起来看似很有道理，我们内心感受一种情绪，然后通过身体来表达它。但是，反过

来，我们通过改变外在的表达方式或通过改变自身周围的环境，真的可以改变我们内心的感受吗？面部肌肉的变化，真的会引发我们内在的新情绪吗？周边的新环境，真的可以让我们心情变好吗？实际上，这些问题，心理学家通过科学的实验证明了它的合理性。

研究这一实验的是心理学家罗伯特·索西根找出一些实验参与者，并且告诉这些被试者正在参与帮助残疾人士的一项心理学研究。以下是被试者被告知的内容：

1. 这项研究是一个不能用手控制环境的肢体残障人士项目的一部分。然而，人们可能认为训练会使这些人能够使用他们身体的其他部分（嘴或脚）来完成日常的心理变化或认知任务。

2. 我们希望能通过你们对嘴握笔的特殊表情反应来判断你们的内心反应。

3. 你们需要掌握几种握笔方法或技巧。你们还要用嘴叼着铅笔，并使它指向你们对面的电视机。

于是，被试者被要求尝试用嘴叼铅笔，共有四种方法，最后一种是让面部肌肉呈现微笑时的状态，这四种状态分别为：

1. 用牙咬住铅笔，轻轻张开嘴唇，不要碰铅笔。

2. 用嘴唇紧紧裹住铅笔，不要用牙齿碰它。

3. 用牙齿咬住铅笔，避免嘴唇接触铅笔，模仿实验者，即嘴唇稍稍向后拉了一下。

4. 用牙齿咬住铅笔，避免嘴唇接触铅笔，模仿实验者，即嘴唇往后拉，抬起脸颊。

最后一种方法会让你在不知不觉中露出笑容。

之后，心理学家索西根找出使用第四种方法的人，即那些已经在笑的人，判断其与前三种方法的人有何不同。索西根只是把一台电视机放在他们的面前，给他们看其选择的“或多或少令人愉快的或有趣的”短视频。他们要把铅笔指向他们最关注的屏幕部分。在这项研究中，没有一个被试者意识到研究人员实际上是想看看面部反馈假说是否得到了验证。果不其然，用一种近似于微笑的表情咬着铅笔的人觉得视频是最为滑稽的。

这个实验告诉我们：脸部肌肉保持微笑的人，内心也更为乐观，他们很容易因为视频的一点滑稽内容而笑起来。这也印证了索西根的判断：我们的大脑对某一件事情的反馈会直接在面部肌肉上呈现出来，相反，我们的面部肌肉会向我们的大脑提供反馈，所以，如果你心情不好，假装让自己高兴或主动让自己笑起来，也会使心情好起来。

实验延伸：假装快乐，真的会变得快乐

索西根实验告诉我们，面部肌肉所呈现的状态会反馈给我们的大脑，从而改变我们的内在心绪。其在生活中有着极为广泛的应用，比如当你心情不好时，那就假装让自己脸上呈现出心情好的模样，那么，你真的会变得快乐起来。

人们通常都会逗小孩子说：“噢，不哭，不哭，笑一个，笑一个吧。”结果很多小孩子虽然只是开始的时候勉强地笑了笑，但很快他们会随着这个勉强的笑慢慢变得开心起来。这是装出好心情最常见的例子。类似的例子在成年人身上也有很多。

丽萨是个悲观者，她总是习惯性地愁眉苦脸，小小的事情似乎就会令她不安、紧张。孩子的成绩不好，会令她一整天忧心，先生几句无心的话会让她黯然神伤。她曾对朋友说：“几乎每一件事情，都会在我的心中盘踞很久，造成坏心情，影响生活和工作。”

不久前，她升为部门主管，可能是近期工作压力大的原因，她近来感到自己情绪很低落。可明天有一项很重要的会议，看看镜子里自己的脸庞，竟然无精打采。她打了电话问朋友自己究竟该怎么做？朋友告诉她：“把令你沮丧的事放下，装成高兴充满自信的样子。”

她试着采纳了朋友的建议，在那次会议上，她表现出一副笑容可掬、谈笑风生、装成心情愉快而又和蔼可亲的样子。令她惊奇的是：她不久就发现自己不再抑郁不振了。并且那天的她也给与会人员留下了美好的印象。

心理研究发现：如果一个人总是想象自己进入某种情境，感受某种情绪，这种情绪就十有八九真的会到来。装出好心情会让你的坏情绪在不觉间悄悄溜走。一个人在抑郁的时候，可以多回忆愉快的时光，还可以用微笑来激励自己，要尽量多想快乐的事情。高声朗读也会有帮助的，只是读书时要有表情，还要选择振奋精神而非抑郁的读物。

根据这一研究成果，美国著名教育家戴尔·卡耐基提出："假如你'假装'对工作感兴趣，这种态度往往就使你的兴趣变成真的。这种态度还能减少疲劳、紧张和忧虑。"

琳达是一名普通的办公室秘书，经常要处理许多烦琐的书信文件，还要抄写和打字，工作很枯燥无味，被累得精疲力竭。后来她想："这是我的工作，公司对我也不错，我应该把这项工作做得好一些。"

于是她决定假装自己喜欢这项工作，虽说内心并不这么认为。此后，她发现一个重要事实：如果假装喜欢自己的工作，那么，真的就有点喜欢它了。而且，一旦喜欢起自己的工作，就能做得更有效率。由于工作得好，她被提升了。她说现在她总是高高兴兴地超额完成任务，而这种心态的改变所产生的力量，实在是她最重要的大发现，确实神妙无比。

天天好心情固然是每个人都渴求的，但瞬息万变的世界往往让人们不能如愿以偿。因为，人难免会遇到不顺眼的人、不顺心的事，坏心情也就随时会光临。利用有意识的动作来改变我们的心情，利用用心情来改变我们的行为，这是帮助我们度过生活中困难时刻的有效方法。英国小说家艾略特曾写道："行为可以改变人生，正如人生应该决定行为一样。"如果我们能记住这句格言并遵照它去做，我们就能获得更充实、更快乐的人生。

反直觉实验：你看到的正是你想看到的

实验结果：你所看到的，正是你想看到的。

实验过程：我们都在竭力地避免内在产生冲突

我们都或许有这样的体验：讨厌自己犯错，并且承认自己犯错是一件极为痛苦的事情。我们曾经会支持某件事，然后又会在某一时刻反对它，这种前后矛盾的表现因被某人指出来后，我们会感到不舒服和尴尬。我们为何会有这样的表现呢？是我们的认知能力有缺陷吗？关于此，心理学者里昂・费斯汀格和詹姆斯・卡尔史密斯进行了心理学中较为复杂的反直觉实验。他们想知道，如果他们能创造出一种人们自相矛盾的局面会发生什么，以及他们是如何违背自己的真实直觉，做出相应的处理方式的。

费斯汀格与卡尔史密斯进行了一项极为无聊的实验活动。他们找出一些实验的参与者，并给他们每人发 12 个没有线的线轴，要求他们将线轴放入托盘中，然后清空托盘，再将线轴放回托盘中。他们要求实验参与者将这些极其无聊的动作反复进行了 30 分钟。多数人都会觉得这个动作极为无聊，但实际情况比我们想象的还要糟糕。然后，费斯汀格与卡尔史密斯又拿走了线轴，取而代之的是一块板，板上有 48 颗可活动的钉子。之后，他们要求实验参与者将木板上的每一根钉子顺时针旋转四分之一圈，然后接着又将下一根钉子顺时针旋转四分之一圈，往复循环持续时间为 30 分钟。费斯汀格与卡尔史密斯之所以这么做，就是让实验参与者产生无聊的感觉。结果，费斯汀格与卡尔史密斯果然达到了预期的目的，他们通过询问发现，实验参与者确实产生了极为无聊的感觉。

接下来，实验进入了极为有趣的部分：在被试者完成任务后，他们被告知实验者的助手那天没在，而下一批被试者则在另一个房间等候，因此他们被要求告知下一批被试者这个实验活动极为有趣，一些实验参与者说这句话时获得了 1 美元，而另一些实验参与者则获得了 20 美元。

头一批实验参与者与下一批正在等待参与这项实验的人交谈完后，进入另一个房间，并且快速地填写了一份调查问卷，然后离开。作为调查的一部分，他们被问及这项活动多有趣。

问卷结果却超乎人的想象。那些拿 20 美元的实验参与者说这个活动非常无趣，而那些只拿了 1 美元的人认为这个活动其实也没有那么无聊和糟糕。

这意味着费斯汀格和卡尔史密斯成功地让一些人自相矛盾。这些人曾经参与过一项极为无聊的游戏，但他们告诉别人这个活动真的很有趣。那些获得 20 美元的人有理由这么说，因为做这件事使他们拿到了不错的报酬，所以他们做归做，说归说，这件事情不会让他们感到困扰。而那些只拿到了 1 美元的人会感觉有点不安，这种不安就像费斯汀格和卡尔史密斯所说的“认知失调”。这些实验参与者说服自己相信那项活动真的没有那么糟糕以克服这种不安的感觉。

这个实验告诉我们，我们看到的都是我们所希望看到的，这主要是为了避免我们内心产生不必要的冲突和矛盾，以避免内在的消耗。

实验延伸：你之所以看见，是因为你想看见

认知失调实验在生活中有着极为广泛的应用。在生活中，我们做了某个决策，会找出一系列的“合理”理由来证明自己的决策多么地英明

和正确，即便最终的结果证明我们的决策是错误的，我们也会找各种合理的理由来为自己“开罪”。同时，我们也只相信我们个人所愿意相信的，哪怕是“扭曲”现实。

小吴最近在网上购买了一台新款手机，花掉了近一个月的工资。对于小吴来说，他那台旧手机也刚买不久，这台新手机根本没必要购买，但他还是没能忍住，因为他太喜欢那款新手机的外观了。为此，他的女朋友还数落他，不该这样胡乱消费，因为他们这个月的开支很大，要预交下个月的房租，如此一来，他们只能从其他方面节省开支了。更何况，这款新手机，除了外观漂亮外，其性能与小吴那款旧手机差不多。面对女朋友的数落，小吴觉得自己买这款手机是对的，因为他爸爸老早就想要一台智能手机，小吴正好可以把自己那台旧的给爸爸，因此他对女朋友的数落和抱怨不予理睬。

一周过去了，小吴在网上购买手机的网页下面出现了诸多顾客的评论留言。当然，这些关于那台新款手机的留言有正面的也有负面的。看到正面的评论后，小吴内心满是喜悦，觉得自己当初的举动是多么正确。而当他看到负面评论时，小吴则只会对旁边的女友说一些类似于“哦，那些人的评论真的毫无价值！”“他们根本没有掌握这台手机的使用方法”等话。据女友观察，小吴也会仔细地阅读负面的评论，但只是为了找到其可以反驳的地方……

实际上，在现实生活中，我们也有着类似于小吴的做法。当我们做了某件事情或某个决策后，我们不愿意承认自己犯了错误。一旦你已经购买了你想要的产品，就会希望自己做了一个不错的决定，并且你会认为任何一个说购买这个产品是错误的观点，无论对方说得多有道理，你都会觉得他们说的都是错误的。这也正应了法国20世纪伟大的哲学家让·保罗·萨特所说的：“你之所以能看见，正是因为你想看见。”

在生活中，我们经常被人告知要对自己诚实。但通常我们都会倾向于逃避现实。他们曾强烈地渴望对自己和自己做出的决定感到满意。我们喜欢避免内部的冲突，它是如此强大，以至于我们经常会“扭曲”现实。我们将关注那些会让我们看起来更好，以及能够证实我们做出正确选择的一些事实。对自己诚实需要一些勇气和谦卑，也许你真的可能犯了一个错误。

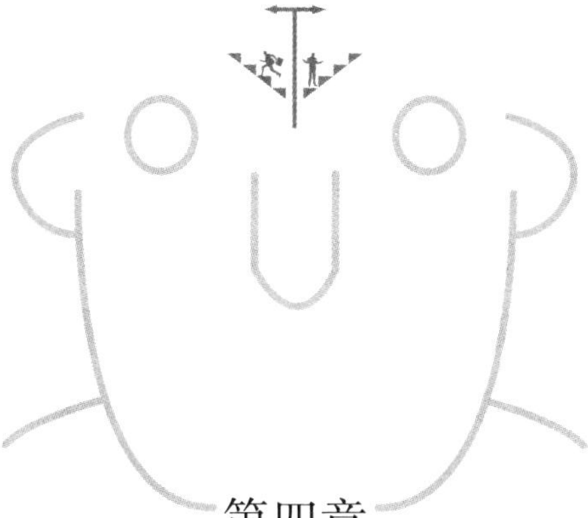

第四章

管理心理学实验：管人要管心，管心先知心

判断一名管理者是否称职，不在于他个人如何完成工作，不在于其能否管住事，而在于其是否能管住人。一个只会管事的人只能叫“总管”，一个会管人的人才能称得上领导。管人的精髓在于管心，管好了人心，你才能人心所向，才能让员工从行为上、精神上都有一种自动自发的意识，使大家为团队的目标积极主动地工作。所以，管事先管人，管人要管心，而管心就得先知心。本章列举了管理学中的几个经典心理学实验，旨在让管理者能了解调动员工工作能动性的主要因素是什么，如何做才能营造出令员工满意的工作氛围，以及如何奖励才能奖到员工的心坎上，如何才能运用自身的影响力来调动员工的工作积极性等，为管理者提供实际有效的“御心”之法与管理之方。

霍桑实验：提升员工工作积极性的关键因素

实验结果：在企业中，工人不是只受金钱刺激的“经济人”，而个人的态度在决定其行为方面起重要作用。

实验过程：影响工人生产效率的主要因素竟然不是薪水

为什么丰厚的薪水仍然调动不起员工的工作积极性？为什么员工工作效率与执行力总是比预期低很多？如何应对企业中员工内部结成的“小团体”？频繁的跳槽与人才流失究竟是哪里出了问题？……也许，管理学上具有划时代意义的霍桑实验可以回答以上这些问题。

霍桑实验是美国西部公司所属的霍桑工厂在1924年～1932年进行的一系列以科学管理逻辑为基础的心理学实验，实验主要由美国哈佛大学心理学教授乔治·梅奥主持，包括照明实验、福利实验、访谈实验和群体实验四个部分。

第一部分：照明实验。

这个实验实施的时间为：1924年11月至1927年4月。在这个试验之前，许多工厂领导都认为，影响员工生产效率的因素是工人的疲劳感和单调感等。于是，乔治当时的实验假设便是“提高照明度有助于减少疲劳，使生产效率提高”。可是经过两年多的实验和观察，乔治发现照明度的改变对生产效率并无影响。具体的结果：当实验组照明度增大时，实验组和控制组都将增产；当实验组照明度减弱时，两组依然都增产，甚至实验组的照明度减至0.06烛光时，其产量也没有明显的下降；直到照明度减到如月光一般，实在看不清楚时，工厂的产量才急剧地降下来。研究人员对此结果感到极为茫然，对这个实验假设失去了信心。

这个结论也说明，影响工人劳动生产率的并不是疲劳感和单调感。

第二部分：福利实验。

福利实验是继电器装配测试室研究的一个阶段，实验开始的时间是1927年4月，结束的时间是1929年6月。实验假设是：员工生产率与其福利待遇有显著的关系。但经过两年多的实验发现，无论福利待遇如何改变，比如工资支付方式的改变、优惠措施的增减、休息时间的增减等，都不影响产品产量的继续上升，甚至工人自己对生产效率提高的原因也说不清楚。这也说明，福利待遇的多少不是影响工人生产效率的关键因素。

第三部分：访谈实验。

接下来，研究者在工厂开始了访谈计划。此计划就是要求工人对工厂管理层提出的规划和政策、工头的态度和工作条件等顺题作出回答，但这种规定好的访谈计划在进行过程中却出乎人的意料，并得出了超乎人想象的效果。工人就工作提纲之外的事情进行交谈，他们认为重要的事情并不是公司或调查者认为意义重大的那些事儿。访谈者了解到这一点，便及时地将计划谈话的内容范围去掉，让工人们畅所欲言，而且每次访谈的平均时间从原来的30分钟延长到了1～1.5个小时，同时，研究者多听少说，并且在此过程中详细记录了工人对工厂的种种不满和意见。这样的访谈进行了两年多，工人的生产率得以大幅度提高。工人们长期以来对工厂的各项管理制度和方法存在着诸多的不满，他们无处发泄，访谈计划的实行恰恰为他们提供了发泄个人情绪的机会。每个员工发泄过后，都感到心情舒畅，士气提升，使工作效率得以大大提升。

第四部分：群体实验。

乔治·梅奥与他的助手们进行了第四部分的试验，在这个试验中选择了14名男性工人在单独的房间里从事绕线、焊接和检验式的工作。并且，在这个班组实行的是特殊的计件工资制度。实验者原来设想，实施这套激励措施会使工人更努力工作，以便获得更多的报酬。但观察的结果发现，这些工人的产量也只能保持在中等水平，每个工人的日产量平均都差不多，而且工人并不如实报告产量。

这究竟是为什么呢？后来心理学家经过深入调查发现，这个班组为了维护他们群体的利益，自发地形成了一些隐性的规范。他们约定，谁也不能干得太多，突出自己；谁也不能干得太少，影响全组的产量，并且他们还约定，不准向管理当局告密，如有人违反这些规定，轻则挖苦谩骂，重则拳打脚踢。进一步调查发现，工人们之所以维持中等水平的产量，是担心产量提高，管理当局会改变现行奖励制度，或裁减人员，使部分工人失业，或者会使干得慢的伙伴受到惩罚。

这个实验表明，工人为了维护他们各自的利益，会结成一些“小团体”，他们为了维护班组内部的团结，可以放弃物质利益的引诱。由此提出“非正式群体”的概念，认为在正式的组织中存在着自发形成的非正式群体，也就是“小团体”，这种群体有自己特殊的行为规范，对人的行为起着调节与控制作用。同时，这些“小团体”还加强了内部的协作关系。

霍桑一系列的实验说明，影响工人劳动生产率的主要因素不是工作本身的单调或枯燥程度，也不是薪水和福利，而是员工的精神需求，愉悦的精神、内在的满足度，是让员工提升工作效率的关键因素。

所以，霍桑实验对管理理论有相当大的贡献：其一，它让工人了解自己不全然只是机械的延伸；其二，它引发产业界与学术界做一系列的相关措施与研究；其三，它替管理学打开了一扇通往社会科学领域的门；其四，它也令研究者检讨调查不能与标的物太接近，否则会影响实验的结果。

实验延伸：激发企业发展的主要因素——人

一味地使用强令监督、外界刺激并不能有效地提升员工的工作绩效，反而是对员工的关注、肯定、及时的激励会大大地提升员工的工作绩效。就像实验中的工人，他们知道自己被关了，所以会卖力地干活。所以，身为管理者，提升员工的精神愉悦度、自我满足感，及时关注员工的内在心声，是带领团队提升绩效的不二法则。

在2019年5月的一天，一场10年前的法庭审判在法国巴黎展开，被告是法国电信业巨头Orange公司的前身——法国电信公司及其7名前任高管，他们被控在10年前对该公司的“员工自杀潮”负有主要责任。

针对此案的调查，相关调查者积攒了100多万页的卷宗。文件中的数字令人触目惊心：仅在2008年和2009年，法国电信就至少有35名员工自杀，另外还有12名员工自杀未遂。

为此，一个全新的名词就此诞生：职场精神骚扰，又称心理骚扰。

据法国《世界报》报道，这桩该国迄今最大的“精神骚扰案”中，法国电信前CEO、前人力资源总监和前执行副董事等出现在被告席上。

检察官相信，这3人“制定企业战略、制造令人焦虑的工作氛围”、践踏员工的自尊、破坏他们的心理健康，让他们感受到无处不在的压力，且无处可逃，这种畸形的工作氛围最终酿成了几十个悲剧。

在此之前，法国电信还是一家拥有垄断地位的企业。在20世纪90年代，欧盟颁布了《电信服务指令》和《开放网络条款指令》，要求电信服务全面自由化。

自1997年起，法国电信开始了漫长的私有化进程，并于2013年改名为Orange，不过其最大的股东仍旧是法国政府。隆巴德担任CEO时，该公司有10万名法国员工，为了进一步提升股价以获得更大的利益，隆巴德打算从降低企业运营成本入手，声称要削减150亿欧元的成本。

最后，隆巴德没有选择组织变革、生产流程革命、技术创新或者管理创新等方式来提高生产效率，而是选择了简单粗暴的大裁员。经过核算，隆巴德计划裁员2.2万人，并对至少1万名员工进行“上岗培训”。

法国电信的大多数员工都是公务员，签订的是无固定期限劳动合同。在法国，解除这类劳动关系的过程极为漫长，且解雇一名以上的此类员工必须向政府汇报。

为了达成目标，公司执行副董事瓦内斯出面了，此人虽然头脑聪明，却是个出了名的不讲情面的人。为了达成削减成本的目的，瓦内斯发明了一种叫“恐惧管理”的方法，就是不断地刺激员工的肾上腺素，给他们制定无法实现的长期目标，逼迫他们自动离职。

于是，公司开始大量地裁员，部门不断地重组，人员被迫调动。工作条件不断地恶化，员工身心饱受摧残，绝望的情绪四处蔓延，员工的处境越来越艰难。

为了进一步削减劳动成本，针对员工的“精神骚扰”愈演愈烈。据美国《纽约时报》报道，法国电信频繁地调动员工的岗位，让公司“不想要”的员工去干“下等差事”，以孤立、威胁 、减薪等手段逼迫他们自动辞职。

根据调查者提供的文件，隆巴德在2007年的公司高层会议上说，“那些以为能像过去一样高枕无忧的人大错特错。在海边晒太阳、捡贝壳的日子一去不复返了”“日子越来越不好过”“各部门都面临调整甚至关闭，每次变动都极为煎熬，因为你必须重新学习一切”等言论被频繁提及。

一名在法国电信工作了30年的匿名员工控诉说道：“在8年时间里，我搬了4次家，换了3个工种。当你还是25岁或者是30岁时，这不算太难，但是50岁以后便完全不同了……在这重重的压力之下，员工“自杀潮”频频上演。

就在员工“自杀潮”的巅峰时期，法国电信的利润创下历史新高。

公司股票节节攀升，在2008年达到每股分红1.4欧元。

实际上，法国电信的悲剧，其实在历史上也曾经上演过，特别是电气化革命时期，企业主同样面临着如何降低成本、提高劳动生产率的问题。

当时，美国在福特工业的引领下，首先开始了流水线作业，大工业生产变成了现实。那时的企业主们普遍都觉得，最有效激励员工的因素就是工资报酬，并认为人就是机器的一部分，要想办法让人与机器完美地结合，让人成为机器。

这种完全忽视人的价值，将人当成机器的观点，在21世纪的法国电信又上演了一次。在这种管理思想的指导下，自然而然地延伸出了另一种认知，就是强调指标和利益，也就是大众所熟悉的KPI，即关键绩效指标。

如果一位员工无法完成KPI，无法为企业带来利润，就该被裁掉，就像换掉机器上已经陈旧的零部件，这正是隆巴德和高管团队们的思想根源，因为在他们眼里，人不重要，当下的利益才更为重要。

而霍桑实验则是颠覆了这一认知，其第一次将管理研究的重点从工作上和物的因素上转移到人的因素上来，不仅在于理论上对古老的管理理论进行了修正与补充，给人们带来了新的管理视野与管理方法。

霍桑实验也进一步证实了，人才是企业发展的动力之源。一个企业纵然有最先进的科技设备、最完备的物质资料，但如果少了人力的全力投入，所有一切都变得毫无意义。而且对人力资源的有效管理是提升企业创新力的最基本条件。尤其是在高科技发展如此迅猛的现代社会，创新才是企业生存与发展的唯一路径，而人作为创新的唯一要素，谁能更有效地开发与利用人力资源，谁就有可能在日益激烈的市场竞争中立于不败之地。但人的创造性是有条件的，是以其能动性为前提的。硬性而机械式的管理，只能消耗和抹杀人的才能。而只有精神上获得满足感的员工，才能最大限度地激发其创造性，也才能推动企业的发展。

所以，有才能的领导者会以能为员工提供精神上的满足为管理模式，针对不同的员工、不同层次的需求分别对待。要悉心地分析他们的内在需求，了解他们最真实的需求，即给予他们充分的尊重、重视，能够让他们展现自我价值。例如，在管理过程中为了满足员工的社会需求，可以加强员工参与管理的程度，通过民主管理、民主监督的机制，增加他们对企业的关注，增加其主人翁的责任感和个人成就感，将他们的个人目标和企业的经营目标完美地统一起来，从而激发出其更大的工作热情，发挥其主观能动性和创造性。

另外，有效沟通也是一种高超的管理方法。管理是讲究艺术的，那种高谈阔论、教训下属、以自我为中心的领导方式已经无法适应当代企业的发展模式了。霍桑在访谈实验中，梅奥便已经注意到，亲善开明的沟通方式不仅可以了解到员工的需求，更可以改善上下级之间的关系，从而使员工更加自愿地付出努力。

同时，倾听也是一种良好的沟通方式。那些有智慧的管理者会认为倾听别人的意见比表现自己的渊博更为重要。倾听可以帮助和启发员工表达出自己的思想和情感，在管理过程中，如若领导善于聆听员工的意见，可以激发他们的创造性思维，也可以使他们增强对领导的信任感，还可以使领导从中获取有用的信息，更有效地组织工作。

另外，适当地称赞和夸耀别人，也是一种有效的管理方法。在公开场合，对有贡献的员工给予适当的称赞，会增强员工的自信心和使命感，从而努力创造出更佳的业绩来。

最后，企业文化也是寻求效率逻辑与感情逻辑之间的动态平衡的有效途径。在企业内部，正视“小团体”的存在，也是管理者应注意的问题之一。管理者要认识到，员工不是作为一个孤立的个体而存在的，而生活在集体中的一员，他们的行为很大程度上会受到集体中其他个体的影响。如何消除“小团体”对员工的负面影响也是管理者应该注意的问题。总之，管理者要真正地认识到，只有个人、集体、企业三方的利益保持均衡时，才能最大限度地发挥个人的潜能。培养共同的价值观，创造积极向上的企业文化是协调好组织内部各利益群体关系，发挥组织协同效应和增加企业凝聚力最有效的途径。

总之，管理的本质就是激发人的工作能动性。要知道，人的价值是无法估量的，是社会上最宝贵的资源，是生产力中最耀眼的明珠。只有最大限度地开发人力资源，切实树立“重视人、尊重人和理解人”的管理思维模式，企业的发展才可能有美好灿烂的未来。

破窗实验：千里之堤，溃于蚁穴

实验结果：大错一般都是由点滴的小错酿成的。

实验过程：放任微不足道的小失误或小过错不管，定会酿成大错

中国有句俗语，叫作“千里之堤，溃于蚁穴”，说的是巨大的灾难，往往都是因小事而起。某种程度上说，这个微不足道的开头，才是整个事情的关键。作为管理者，如果能在第一时间，对最先出现的情况做出合理有效的应对，往后的一系列巨大危机或许就可以避免了。

这一说法绝非夸大其词，而是有着深刻的理论根据，这一理论根据就是著名的“破窗理论”。这一理论本是针对犯罪学而提出的，但时至今日，破窗理论已经在社会管理、企业管理和经济管理中被广泛地运用。

破窗理论的提出者，是美国的政治学家詹姆士·威尔逊，以及犯罪学家凯琳。这一理论的提出并非空穴来风，而是基于一个著名的心理学

实验。

在美国的斯坦福大学，有一位叫菲利普·津巴多的著名心理学家。在1969年的时候，津巴多做了一个社会试验。他找来了两辆一模一样的汽车，将其中一辆停在了位于美国加州帕洛阿尔托的中产阶级社区；另一辆则被停在了纽约数一数二的贫民区——布朗克斯区。津巴多将停在布朗克斯区的那辆汽车的车牌摘掉，又打开了车的顶棚。结果，仅仅过了一晚上，这辆汽车就被偷走了。而放在中产阶级社区的那辆车，过了一个星期都没人理睬。津巴多便将那辆车的玻璃敲出了一个大洞。结果仅仅过了几个小时，这辆车也不翼而飞。

根据这一实验，威尔逊和凯琳提出了破窗效应理论。这一理论认为，如果某幢建筑物的窗户玻璃被人打坏，又得不到及时的维修保护，别人就会因受到纵容而继续毁坏别的窗户。时间一久，这些破窗户就会给人留下无序的印象。这种印象一旦产生，犯罪的土壤也就随之滋生。

实验延伸：防微杜渐，严惩首恶

破窗理论的提出，对于那些长久以来一直为规范团队行为而绞尽脑汁的管理者来说，不亚于当头一棒。出了问题之后的问责，是大部分管理者都能够做到的事情，但事后的弥补工作总是会浪费更多的精力、人力与物力，对于任何一个团队来说，这都是一笔巨大的损失。破窗理论带给管理者的一点核心启示就是：防微杜渐，严惩首恶。

在美国有一家规模不大的公司，由于很少炒员工的鱿鱼，在行业内一直为人津津乐道。但这家公司的资深员工杰瑞却没想到，自己因为一时的糊涂，竟成了被辞退的一员。

杰瑞在公司里是一名资深的车间工人。有一天，他在切割台上工作完后，便将切割刀前的防护挡板卸了下来。没有了防护挡板，就会出现安全隐患，杰瑞之所以这么做，也只是为了能够更加快捷地收取加工零件，让自己的工作进度更快一些。但这一幕恰好被刚刚走进车间视察的主管看到了。主管对此十分气愤，不仅责令他将挡板装好，更站在原地对他斥责了半个多小时。第二天，杰瑞刚到公司，就被老板叫到了办公室里。老板对杰瑞说："身为一名老员工，你应该比所有人更懂得安全对于公司的重要性。即使你在某一天工作进度稍微慢了，公司也可以找个人、抽个时间来弥补。可安全事故一旦发生，导致员工失去健康与生命，那是公司永远都无法弥补的……"

当杰瑞离开公司的那天，他第一次流泪了。在公司工作的这几年里，他受到过表扬，也受到过批评，但从来没有被彻底否定。但这一次，他知道，自己在无意间触碰到的，是公司的底线。

破窗理论认为，任何一种不良现象的形成，都是由于管理者没有在第一时间内，对已经出现的坏事苗头进行纠治所造成。有为数不少的管理者，经常会轻视员工那些看似微小的疏忽，但在这些疏忽的背后，却隐藏着巨大的风险。从管理者对这些疏忽的态度中，也可以看出他们是否称得上合格的管理。

破窗理论给管理者的一点核心启示，就是严惩第一个违法乱纪之人。中国的伟大思想家孔子对此就曾经说过一句话"大道不诛，诛首恶"，这可以说是管理学中用人管人的一大要点。上级对首个犯错之人所采取的态度，并不仅仅关乎双方，对于团队里的其他成员来说，也是一种极大的暗示，管理者如果对某个人放纵，到头来经常会发现，整个团队都变得松弛、无序。

为了杜绝这一现象，管理者务必须要谨记以下要点：

1. 谨慎对待员工的小错。

通常情况下，管理者并非是有意地偏袒员工，只是缺乏了远视的目光，没有顺着那些细微失误顺藤摸瓜，忽略了因此可能带来的巨大困扰。这其实是在质问管理者，是否具有敏捷的思维和清晰的头脑？即使管理者真的无暇顾及太多，也可以有退而求其次的选择——勿以恶小而纵之。不论工作多么繁忙，管理者请至少牢记这一点，这样一来，也可以避免日后的很多麻烦。

2. 力求规章制度的完善。

单纯依靠严惩首恶的态度，还不足以彻底做好管理工作。身为领导层，就应该有更深入的思考。那些引发巨大恶果的微小错误，很多时候都昭示了一个团队之中，规章条例还不够严谨、细致的事实。这一点可以看作管理者的失职。要想确保下属在工作中减少纰漏，管理者就必须做好查漏补缺的工作。规矩细致了，人们才能知道何者该为，何者不该为，这也是从源头上杜绝第一扇破窗的明智做法。

权威暗示效应：人有分量，话才有分量

实验结果：有分量的人，说出的话才有分量。

实验过程：号召力源于权威

每个打开电视观看节目的观众，一定不会对形形色色的广告感到陌生。人们很轻易地就能发现一个现象，很多商家在为自己的产品做广告时，都会选择明星来代言。从这一现象中，就蕴含着管理学中的一大原则——权威效应，也称权威暗示效应。

关于权威暗示效应，美国的心理学家曾经做过这样一个实验：实验者趁着某个班级学生上课的时机，在课堂上向学生们介绍了一位据说是从德国来的著名“化学家”。这位“化学家”进了教室之后，便开始向所有学生介绍自己的最新发现：一瓶装在玻璃瓶里的蒸馏水。据这位“化学家”介绍，这是他新发现的一种略带气味的化学物质。接着，他让每位学生都闻了一遍，并要求闻到气味的学生举手示意。结果，有一

大半的学生都举起了手——很显然，这瓶所谓的新化学物质不过是一个谎言，所谓的特殊气味也不存在。只是由于这位权威“化学家”的言语暗示，才让大多数学生都在不知不觉间受到了影响。

权威效应的心理学实验告诉我们：权威能产生巨大的号召力。

实验延伸：想要有力量，必要树立权威

通过对这个实验的介绍，人们就可以明白权威效应的力量有多么强大了。看到了这一效应的强大力量，人们也就可以理解那些商家为什么要花费数万、甚至数十万的广告费用，只为了让某位明星在电视广告中，为自己的产品吆喝那么几十秒钟。商家不是傻子，花那么大代价自然也不是钱多没地方扔，他们正是看到了明星权威的价值，才做出这么下血本的选择。事实上，明星的代言一旦发挥作用，带给商家的利益，又岂止是代言费所能比拟的？

同样地，身为企业的经营管理者，即使不曾听说过权威暗示效应这一理论，想必也不会轻视权威的作用。权威是管理者身上必贴的标签，某种意义上，失去了权威的管理者，就不能称为合格的管理者。管理者对于员工来说，不仅是工作开展与运转的核心，更是他们心灵上的依托。人人都渴望获得内心的安全感，跟从权威人物的指引，更能让他们觉得安心；人们也有赞许心理，相信按照权威人士的要求去做，是获取他人认可与赞美的最佳渠道。通过把握人们的这一心理，经营管理者就可以在工作中无往而不利。

关于权威暗示效应的运用，有这么一个小故事可以作为说明：

美国有一位商人，在出版行业摸爬滚打了多年。有一年，他的书库出现了一批滞销的书籍，过了许久都未能脱手。经过一番考虑，他想到了一个好点子：借用总统来进行推销。于是他将一本书送给总统，并先后几次写信给总统，请求他作出评价。总统忙于政务，又不耐其烦，于是随口回应说：“这本书还不错。”出版社收到回信后如获至宝，当即在

书的封面上大肆宣扬：总统读后觉得本书很好。这番宣言一出，许多读者都纷纷购买，这批书很快就被抢购一空。

过了一段时间，出版商又有一批书需要尽快出手，于是他再次想到了总统。被摆了一道的总统决定和他开个小玩笑，于是回复他说：“这本书真是糟糕透了。”不料出版商却四处宣扬：这是一本总统十分讨厌的书。出于好奇，很多人纷纷再次购买，这批书又被抢购一空。

总统得知这一消息后哭笑不得，于是当出版商第三次将书送到他面前时，他死活不肯开口。结果出版商这一次又把标语换成了：这是一本总统都难以评定的书。这一次的标语比起前两次都震撼，这批书也很快就销售一空。

这是活用权威暗示效应的一大经典案例，在商业管理中也经常会被提起。通过这一案例，管理者对于自身权威作用的认识，想必也会更上一层楼。

在管理工作中，管理者经常要面对的问题之一，就是“如何让别人听我的。”不论是从个人满足来讲，还是从团队的有序运转来看，管理者的言出法随，都是有其必要的。但要让别人听自己的，却不是那么容易的事情。很多简单粗暴的管理者，都会用极端恶劣的态度来面对下属，这种负面激励虽然一时可见其效果，但显然不是万能的灵药；还有的管理者性格柔弱，一味的扮演老好人，对员工极尽宽谅。这样的做法，虽然可以让员工感怀一时，但时间一久他们也就会彻底懈怠。这两类管理者都没有意识到权威才是管理下属的关键。

当然，权威并不等同于火起物摧的狂猛，更多的是风行草偃的协和。也就是说，管理者的权威，并不等同于强势霸道的命令。权威的形成因素是多方面的，权威本身也存在多种类别，如传统权威（依赖于传统或习俗的权利领导形式）、魅力权威（依赖个人魅力而形成的领导关系）、理性法定权威（以理性和法律规定为基础行使权威）。不同的权威有不同的适用范围，对于管理者而言，了解权威、运用权威，也是更为有效的管理手段。

当今时代的管理者权威，表现得更加复杂多样。封建时代君权神授的思想土壤已经湮灭，一个优秀的管理者唯有通过加强自身的修养，才能树立更加良性的权威。现代的权威，更多地取决于管理者的思想、能力、品质等要素，也与团队内部思想上存在共鸣、情感上能够沟通有重大的联系。只有在这些方面表现得足够优秀，权威才能真正树立。

旁观者实验：团结未必力量大

实验结果： 互相推诿扯皮，源于责任的太过分散。

实验过程： 他人的冷漠，源于内在责任感的缺失

中国有一个有趣的小故事，叫作《三个和尚没水吃》，这一故事实质上揭示了管理学之中的一个重要定理——责任分散效应。现实当中，每一个人都有惰性，而管理的意义就在于规避人的惰性，使他们能够时时发挥出自己的潜能与力量。如果对权责没有明确的划分，放纵了人的惰性，团队中的每个人就会像故事中的三个和尚一样，最终因互相推卸责任而引发滔天火灾。

说起团结的时候，人们总会提到“人多力量大”这句经典话语。但在现实的团队当中，众多成员之间互相推诿扯皮、无人担责的情况也十分常见。如何纠治这一现象，也是横在管理者面前的一道难题。要想改变这一现状，首先就要对人处于群体当中的心理活动，有一个起码的了解。

为了研究国内外都很常见的旁观者现象，有两位年轻的心理学家约

翰·巴利和比博·拉塔内，曾特意做过一个心理学实验。他们选出了72 名不知真相的参与者，分别以一对一和四对一的方式与一假扮的癫痫病患者保持距离。他们想要弄明白的是：在交谈过程中，当那个假病人大呼救命时，72 名不知真相的参与者会作出什么样的选择。事后的统计显示：在一对一的那些组，有 85%的人选择了见义勇为；而在那些四人小组中，只有 31%的人采取了行动！

这一实验在很大程度上，还原了各种社会集体冷漠事件的原貌。集体冷漠的行为总是与社会悲剧联系在一起，但造成悲剧的根源真的是因为人心的冷酷或道德的沦丧这么简单？在上述的实验中，那些参与者的道德水平也并未有什么明显区别，只是由于身处环境的不同，而导致了各自选择的不同。换言之，很多时候大众的冷漠，源于内在责任感的缺失。

这种选择的不同，往深了说是由于承担责任的不同。在某一特定的事件中，如果只有一个人承担责任，或者只有一个人在场，这个人就会意识到自己是唯一的“责任人”，基本上也就可以确保能做出相应的举措；但如果有一群人在场，结果就会变得不同了。面对突发情况，如果管理者在事前没有明确指定负责人，整个团队的所有成员，就都会认为自己是无责任的。这种反应是人的正常心理活动。由这一心理活动所体现出来的，就是责任分散效应。

实验延伸：责任分配关乎着整个组织的运行效率

旁观者实验告诉我们，责任分配关乎着整个组织的运行效率。同时，责任分散也会带来一些恶果，比如管理中的互相推诿扯皮，社会群体的集体冷漠等。所以，要避免这些恶果，管理者要将责任精确地分散到个人，同时全社会也要加强个人的人文修养，提升民众的社会责任感。

在 20 世纪 70 年代的美国，发生了这样一件事情：1964 年 3 月 13

日凌晨3点多，有一位叫凯蒂·珍诺维丝的年轻女子结束了一天的酒吧工作，独自一人行走在回家的路上。当她走到自己位于纽约郊区的公寓时，遇上了一名匪徒。当时凯蒂大声疾呼，眼见周围的邻居都亮起了灯，凶手只好躲了起来。等了半天，周围邻居却没有任何进一步的反应，凶手便再次行凶。这一次凯蒂再次大呼救命，邻居也再一次亮起了灯——和上次一样，他们再没有别的举动。眼见如此，刚刚躲起来的凶手再次悍然现身，将凯蒂刺杀在自家的楼梯上，而后逃离了现场。据事后警方调查，当时至少有38位凯蒂的邻居在窗前看到了这一幕，但不仅没有人出手相救，甚至就连打电话报警的人也没有。这个消息一出，轰动了整个纽约。

责任分散效应所带来的巨大恶果，从这一事件中就能清楚看出。责任分散效应不仅会体现在社会事件中，只要有团体的地方，就一定会出现这类情况。对于行政管理者而言，这也是一个不容轻忽的问题。如果对于责任的归属没有足够明确的判断与认定，不论是事前的领导工作，还是事后的追责工作，都会遭遇巨大的阻碍。

当把任务交给一个人单独去完成的时候，责任与个人就被牢牢地绑在了一起，不论是对于决策还是负责，这个人都能有着明确的觉悟，就好像一个人抬水的和尚；但如果让一个人融入团队之中，他对于自己责任的认识就会变得模糊、虚化。尤其是在集体作出决策的过程中，所有人都会认为自己只不过负担了一小部分的责任。在这样的思想影响下团队的所有成员都会消极应付，甚至互相推诿，就像三个和尚那样，互相推卸责任，自己却毫无作为。

责任分散效应给管理者的核心启示只有一点：凡事提前指派好负责人。群体决策虽然可以吸纳更广泛的意见，但却在无意间弱化了责任的归属。提前指定好责任人，可以使团队围绕着一个核心来运作，既避免了分歧的扩大，又能够统一集体的力量，起到事半功倍的效果；一旦出现了问题，管理者也能够针对负责人做出切实有力的批评与惩罚。相比于面对一群人互相推卸责任、争执不休的混乱场面，单独对一个人的发号施令与指责批评，显然更能提高效率，也更能看到成果。

当然，通过这样的做法，也只能在一定程度上消除责任分散带来的负面影响。迄今为止，心理学家们虽然广泛地研究，却还是不能彻底打破这一效应。管理者要是明白了这一点，对于责任分散效应的重要性，就会有更多的重视了吧。

普雷马克奖惩选择实验：奖在“心坎”上的激励最有效

实验结果：只有奖到人心坎上的激励才有效，罚也要罚在人的“七寸”上。

实验过程：要想一个人做其不情愿的事情，就要给一些他们喜欢的事或物。

普雷马克奖惩选择实验是在 1959 年由戴维・普雷马克所设计的，这个实验是在一群孩子中间进行的。他让孩子们从玩游戏机和吃糖果两种活动中任意选择一项。其中一群孩子选择了前者，另一些孩子则选择了后者。普雷马克对于选择玩游戏机的孩子做出了“想玩游戏机必须要先吃糖果”的要求，而对于选择吃糖果的孩子，则要求他们“要吃糖果，必须要先玩游戏机”。

几次实验后，普雷马克经统计得出这样的结论：对于喜欢玩游戏机的孩子，若以“要想玩游戏机，必须要先吃糖果”作为前提，便可以提高其吃糖果的量；对于更喜欢吃糖果的孩子，若以“要想吃糖果，必须要先玩游戏机”为要求，便可以增加其玩游戏机的频率。

于是，普雷马克提出：用一个人经常出现的行为或比较喜爱的活动作为强化物，可以使其做出一个较少出现的行为或不喜欢的活动。这个实验告诉我们，要想激发一个人做不大情愿的事情，就要给一些他们喜欢的事或物以资激励。

实验延伸：有效激励的前提，必须要知晓员工的内在“喜好”

普雷马克奖惩选择实验在管理中有着极为广泛的应用。在现实的管理过程中，我们常会遇到这样的困惑：“奖励加班员工后，主动加班的员工越来越多，但产品开发速度却没见加快。”“大家说工作压力大要放松一下，我让秘书组织大家出去旅游，但很多人却请假不来。”……最失败的激励大概莫过于奖金一分不差、休假一天不少……激励效果却一点儿也没有，甚至还被员工咒骂。这并不是一句玩笑话，而是很多管理者百思不得其解的“哥德巴赫猜想”。

作为管理者，如果你觉得该做的事情都做了，却没达到既定的激励效果，那么，很有可能你在激励员工的某种行为过程中出现了偏差。换言之，管理者没用员工喜欢的事物作诱发物，或者说，很多管理者根本不知道员工内在真正的“喜好”。比如，一个员工最想要的激励就是增加收入，如果他做出成绩后，那就给他发奖金，以再次激励他的上进心；如果一个员工想要获得尊重，那就给他足够多的信任、鼓励和肯定，以激励他攻克工作难题；如果一个员工想获得成就感，那就给予他足够的支持，协助他做出成绩。当然，这其中最为关键的就是要在私下里了解员工的个人喜好。对此，关于如何了解员工的个人喜好，管理者一方面可以在平时的交流和沟通中了解，也可以从其他员工那里打听，当然也可以通过以调查问卷的方法了解，最终才能作出最恰当的决定。

其实，对于管理者来说，要使激励有效，就必须要懂得洞悉员工的内心，找出能真正激励员工的因素。“细心客观观察”也是唯一能找出激励员工因素的正确之道。仔细观察他所做的选择，就会了解他主要的需求与关切。

观察被激励者所做的选择，可以了解他的行为方式，根据被激励者的行为方式，可以有效地激励他，了解被激励者行为的原动力，就能够对症下药。

同时，身为管理者，更要懂得物质奖励和精神奖励相结合。在处理物质奖励和精神奖励两者关系中，要防止两种错误的做法：一种是只看到物质奖励的重要，另一种是只重视精神奖励的作用。应坚持物质激励和精神激励相结合，二者缺一不可，又不能互相代替。不能撇开物质需要，空谈解决人们的各种思想问题；但也不能搞“一切向钱看”，单靠物质奖励调动起来的积极性是不牢固的。管理者实施激励的诀窍就在于恰当运用两种手段，巧妙结合、相辅相成，互为补充。

另外，在激励的过程中，也要兼顾到奖励的准确性。奖励出现不准确，不但对受奖者缺少激励作用，更失去了对多数人的说服力。

准确性是指奖励某一员工，就是因为该员工的表现比其他人要突出一些，奖励某员工所做的工作，是因为该工作对于其他工作存在难度或者更具有代表性。否则，就会降低奖励应有的激励作用。

同时，管理者还要能够客观全面地评价一个员工，只能只看一时一事，而是要全面评价；在奖惩过程中，要论功行赏，论过施罚。如果因为过去有功，犯了错误也不罚，就容易使有功者躺在功劳簿上生活，丧失进取精神。

最后，在实施激励的时候，还要把握奖赏的时机。在管理中，激励的作用就是激发员工的工作积极性。但是奖励也要把握时机，比如可以趁对方心情好的时候，恰到好处的激励可以起到事半功倍的效果。同样，惩罚也是同样道理，在对方心情异常糟糕的时候，惩罚得太过，就会让其压力倍增，丧失向上的动力。

米尔格拉姆服从实验：权威是一种力量

实验结果： 服从权威是一种根深蒂固的习惯，伴随着实验者的专家性质或权威性的降低，信息性影响压力在下降，从而导致服从比例的下降，反之同理。

实验过程： 人一旦有了权威，便会轻易去迫使人服从

米尔格拉姆服从实验，是美国社会心理学家 S. 米尔格拉姆在 1963 年着手开始的一项关于服从的心理学实验，以探讨个人对权威人物的服从情况，曾在社会心理学界产生了强烈的反响。

米尔格拉姆首先是在报纸上刊登广告，公开招聘受试者，每次试验，付给 4.5 美元的报酬。结果有 40 位市民应聘参加了实验，他们当中有教师、工程师、邮局职员、工人和商人，年龄在 25～50 岁。实验时主持实验者告诉这些应聘者，他们将参加一项研究惩罚对学生学习影响的实验。试验开始时，两人为一组，一个人当学生，一个人当教师。谁当学生谁当教师，用抽签的方式决定。教师的任务是朗读配对的关联词，学生则必须记住这些词，然后教师呈现出某个词，学生在给定的四个词中，选择一个正确的答案。如果选错，教师就按电钮给学生施以电击，作为惩罚。

因为事先安排，实际上每组只有一个真被试，另一个是试验的助手，即假被试。抽签结果，真的被试总是当教师，假被试总充当学生。

试验开始，充当学生的假被试与充当教师的真被试分别安排在两个房间中，中间用一堵墙隔离开来。在“学生”的胳膊上绑上电极，这是为了在“学生”发生错误选择时，可由“教师”施以电击惩罚。而且，

实验者将“学生”用带子拴在椅子上面，向“教师”解释说是为了防止他逃走。“教师”与“学生”之间不能直接看到，而是用电讯传声的方式保持联系。

给“学生”施以电惩罚的按钮共有三十个，每个电钮上都有它所控制的电压强度，从 15 伏开始累计，依次增加到 450 伏特，每四个电钮为一组，共七组零两个，各组下面分别写着“弱电击”“中等强度”“强电击”“特强电击”“剧烈电击”“极剧烈击”“危险电击”，并且最后两个用××标记。

事实上，这些电击都是假的，但为了使作为“教师”的被试者深信不疑，首先让其接受一次强度为 45 伏特的真电击，作为处罚学生的体验。虽然实验者说这种电击是很轻微的，但已使“教师”感到难以忍受。因为在隔壁房间里，实验人员所假冒的学生打开录音机，录音机会搭配着发电机的动作而播放预先录制的尖叫声，随着教师按下电击伏特数的提升也会有惊人的尖叫声。当伏特数提升到一定程度后，假冒的学生就会开始敲打墙壁，而在敲打墙壁数次后会开始抱怨他患有心脏疾病。接下来当伏特数继续提升一定程度后，学会将会突然保持沉默，停止作答，并且停止尖叫和其他反应。

在实验过程中，“学生”故意多次出错，“教师”在指出他的错误后，随即给予电击，“学生”发出阵阵的呻吟。随着电压值的升高，“学生”开始叫喊怒骂，而后哀求讨饶，使劲地踢打墙壁，最后停止了叫喊，似乎已经昏厥过去。“教师”不忍心继续下去，问实验者怎么办。实验者严厉地督促“教师”再继续进行实验，一切后果由实验者承担。

实验者刚开始认为会只有少数几个人，即 10%甚至是只有 1%，会狠下心来继续惩罚直到最大伏特数。可结果，在米尔格拉姆的第一次实验中，有 65%的人（40 人中的 26 人）的参与者都达到了最大的 450 伏特惩罚，尽管他们都表现出不太舒服；每个人都在伏特数达到某种程度时暂停并质疑这项实验，一些人甚至说他们想退回实验的报酬。没有参与者在达到 300 伏特之前坚持停止。后来米尔格拉姆自己以及许多全世界的心理学家也做了类似或者有所差异的实验，但都得到了类似的结果。为了证实这项实验，也有许多更改了架构的实验产生。

为此，米尔格拉姆得出结论：人一旦有了权威，便会轻易使用，使人服从。

随后，为了证明人的服从行为的产生与哪些因素有关，他又将实验进一步继续推进，并从服从的主观和客观两个维度操纵实验条件进行了探索。

米尔格拉姆将师生的距离分为四等，各等级的距离均有四十名被试者参加，分析“教师”与“学生”距离的远近与被试服从的相关，结果发现“学生”与“教师”的距离越近，被试者越是拒绝服从，而距离越远的，就越容易服从。米尔格拉姆将双方的关系分为三种情况：主试者与被试者面对面地站在一起；主试者向被试者交代任务后离开现场，通过电话与被试者保持联系；主试者不在现场，实验要求的指导语全部由录音播放。实验结果表明，在第一种情况下，即主试与被试面对面地在一起时，被试的服从次数多于其他情况下的三倍。

随后，米尔格拉姆又根据主试者的年龄、职务、权威性等不同情况进行实验，结果发现主试的地位越高，被试者用最强电压电击“学生”的人数也就越多。

米尔格拉姆采用柯尔柏格的道德判断问卷测试了被试者。发现：处于道德发展高水平的第五、第六阶段上的被试有 75％的人拒绝权威的命令，停止用电击处罚“学生”；处于道德发展第三、第四阶段被试者中，只有 12.5％的人对权威的指示表示出不服从。可见，道德水平与服从权威两者呈现出员相关，即道德判断水平越高，服从权威的可能性越小。在现实生活中常常可以看到，命令一个道德水平高的人去干不道德的事，往往是行不通的。

米尔格拉姆于是在 1966 年对参加实验的被试者进行人格测验，发现执行主试的命令，对“学生”施加电击的被试，其人格特征具有权威主义倾向。权威主义人格特征有一系列的特征：世俗主义，十分重视社会压力以及个人行为的社会价值；权威式的服从，表现为毫不怀疑地接受权威人物的命令；权威式的攻击，对那些违反社会习俗和社会价值的人十分蔑视，主张坚决制裁，严厉惩罚；反对内省，强制压抑个人内在的情绪体验，不敢流露出真实的情绪感受；具有迷信意识和刻板印象，倾向于把责任从自己身上推卸给非个人所能控制的外在力量，经常采用简单化的二分法思想方法，表现为个人迷信和盲目崇拜；追求权力和使用强硬手段，从对权威人物的认同中，满足个人企图掌握权力及服从于权力的心理需要，否认个人的弱点。

影响服从的因素有很多，概括起来主要有三个方面：

1. 命令发出者。他的权威性，他对执行命令者是否关心、爱护，他是否监督命令执行的全过程等，都会影响到服从。

2. 命令的执行者。他的道德水平、人格特征以及文化背景等也都会影响到他对命令的服从。

3. 情境因素。例如是否有人支持自己的拒绝行为，周围人的榜样行为怎样，奖励结构的设置情况，自己拒绝或执行命令的反馈情况等，也会影响到个体的服从行为。

另外，实验者认为，个体之所以有服从行为，主要原因有两个。

1. 合法权利。我们通常认为，在一定情境下，社会赋予了某些社会角色更大的权力，而且已经有服从他们的义务。比如学生应该服从教师，病人应该服从医生等，在实验中，被试就应该服从主试，特别是陌生的情况更加强了被试服从主试命令的准备状态。

2. 责任转移。一般情况下，我们对于自己的行为都有自己的责任意识，如果我们认为造成某种行为的责任不在自己，特别是当有指挥官主动承担责任时，我们会认为该行为的主导者不在自己，而在指挥官。因此，我们就不需要对此行为负责，于是发生了责任转移，使人们不考虑自己的行为后果。

实验延伸：无权威，就无服从

米尔格拉姆服从实验告诉我们，权威是一种无形的力量，它能迫使人服从。这在管理学中有着极为广泛的应用。对于一个管理者来说，要想使下属服从，就一定要树立自己的权威或者说威信。

在管理中，权威即指人的权力与威望。它是每个组织实施统御的必备条件，是领导者身上的无形光环，是领导者力量的化身，也是成就事业的基础。领导者如果没有威望，组织就不会有任何一致的行动，最终会使其走向衰亡。

领导者的权威主要靠自己卓越的才能，以及为组织内部所做的贡献来树立的，而非靠自己已有的权势来征服别人而取得的，高超的才能是领导者自身声誉和名望的传播者。因此，企业的领导者在得知威望的重要性的同时，要极其注重自身的品德与修养，在员工心中树立威望，是吸引全体追随者的最好利器。

沙钢集团创立者沈文荣在广大职工心中具有较高的威望，这是沙钢集团广大职工在沙钢的发展实践中逐渐形成的共识。

在才干方面，他敢于创新，打破沙钢原有的经营模式，创建了生产铝合金的“永新”线，使沙钢的财富滚滚而来，使沙钢集团取得了骄人的成绩，最终发展成为全国最大最耀眼的民营钢铁企业。

在08年，沙钢集团以208亿美元的营业收入，首次跻身于美国《财富》全球500强企业的排行榜，成为中国内地唯一一家入选的“草根”民企。从2008年到2009年，由于受金融危机的影响，中国的钢铁业曾受到严重挑战，出现了全行业亏损的状况，但是，沈文荣勇于突破企业发展的种种瓶颈，大胆创新，勇于开拓，使沙钢企业连续六个月盈利。沙钢集团在 2009 年，实现了全行业的“三个突破”：钢产量突破 2500 万吨，产品销售收入突破 1300 亿元，实现利税突破 90 亿元。在沈文荣的身上，集中了“民营钢铁”“苏南模式”等多重概念，这是靠他的聪颖的智慧与独有谋略取得的。

沈文荣以这样的业绩在沙钢全体员工心中甚至在钢铁界都树立了较高的威望，这种威望促使全厂形成了一股强大的力量，反过来也将沙钢的业绩推向了一个又一个高峰。

凡是具有权威的领导者，在企业领导过程中就会做到尽职尽责，会以其在市场上的敏锐洞察力，以及工作上的开拓创新意识、果断拍板决策的魄力，以及高超的领导方法与艺术，牢牢地把握工作中的主动权，使企业中的每位成员都能够安其位、尽其责、避其短、展其长，正确地引导与带领员工围绕企业的发展和建设目标，不失时机地做好每一项工作，从而为企业创造更大的利润。

那么，在现代企业中，管理者要想在员工心中树立权威，在员工心中留下一个“战无不胜”的神话，这种神话具有一种特殊的凝聚力与感召作用，使员工能够信服并听从。那么，领导者具体要怎么做呢？

首先，领导者要有卓越的才能，要从以下几方面努力：

第一，虚心学习，增长才干。对于企业领导者来说，不仅要努力学习管理才能，还要学习本行业的各种技能，不当门外汉。同时也要学习法律、经济、心理学以及领导艺术等相关知识，以提高自己的综合素质。其综合素质越高，知识越丰富，能力越强，就越会受到大多数员工的尊重与信赖。

第二，与时俱进，更新观念。领导要与时俱进，能够接受新生事物与新观念，不故步自封，不因循守旧，而且要有强烈的创新意识，对各种事物的看法要有自己独到的见解，从而才能使员工信服。

第三，工作讲求计划，办事要有条理。工作讲计划，办事有条理，才能清晰自己的思路，才能在各种问题来临时考虑得周全、透彻，从而能够做出迅速的反应，在处理问题也能够慎重、果断地做出决定，才能提高办事的能力。

第四，博采众长，一专多能。领导不仅要有一项过硬的专长，而且也要有广泛的兴趣，要博学多才，这样才能受员工尊敬。

最后，领导者要有实在的业绩。

1. 敢于承担责任。在困难来临时，要勇于承担责任，不畏艰险，冲在前头，为战胜困难做出表率，然后才能带领全体员工战胜困难。

2. 少说多做，真抓实干。真正受员工爱戴的领导是少说多做，不做表面文章，一切从实际出发，真真切切地为员工谋福利、办实事。

目标实验：提高员工生产率的有效方式

实验结果：给员工制定目标，是提升他们生产率的有效方式之一。

实验过程：目标能够给人以方向感和确定感，能激发出人的斗志

如何激励自己和他人以让别人持续性地创造价值是心理学中最严峻的挑战之一。我们经常会在电视上看到一些激励人心的演讲，它会让我们一时为之振奋，会让你浑身都充满了奋进的力量。但它的激励作用是极有限的，持续的时间也是极短暂的。实际上，一些心理学界的很多研究者也曾探究过如何才能最大限度地调动人的主观能动性，尤其是一个组织中员工的能动性。一些心理学研究者还曾多年与公司的经理们一起工作，帮助他们调动员工的工作积极性。但经理们希望寻找的并不仅仅是“兴奋”或者心情好的员工，他们需要的是能够生产更多产品或产生

更多效益的员工。如果你曾经做过销售，也许是卖服装或者食品，公司希望你能够卖出更多的产品。很明显，管理者如果单单给员工看那些激励人心的励志视频，并不能让他们每月都有动力去提升销售额。那么心理学家有什么好的销售策略呢？那就是设定目标。心理学家在诸多不同的环境中进行了大量的研究，结果几乎是一样的：有目标的人不一定能达到他们的确切目标，但他们总是会比没有目标的人表现得更好。对此，在 1975 年，加里・莱瑟姆和加里・尤克尔进行了一项极为有名的研究，证明了目标设定的有效性。他们试图解决一个具体的问题：如何通过让工人更多地砍伐树木来提高他们的生产力，或者说让他们砍伐更多的树木。

他们将一群伐木工人分成三组，在为期 8 周的测试研究中，其中一组伐木工被要求每个人都给自己设定一个"高但可实现"的目标，以提高他们的生产力。第二组人则与他们的老板一起设定了很高但可实现的目标。第三组没有设定任何目标，只需要在接下来的 8 周时间内"尽力而为"。结果那些给自己设定了"高但可实现"的被试正是砍树最多的那一组。和老板一起制定他们目标的被试的表现要比前者稍微差一些，而那些没有设定目标而且只是被告知"尽力而为"的小组在生产力上没有显著的提高。这项研究对如今几乎每个行业的目标设定都产生了极大的影响。

实验延伸：给员工制定合理的目标，是一项技术活儿

在现实生活中，我们需要承认的是，激励别人和自己是一件极为困难的事，对于一个组织来说，能持续不间断地调动员工的积极性也是件难事，那上述实验结果告诉我们，目标的设定是一种极为有效的方法。

当代管理大师肯・布兰查德在其著作《一分钟经理》中指出，"在相当多的企业里，员工其实并不知道经理或者企业对自己的期望，所以在工作时经常出现'职业偏好病'，即做了过多经理没有期望他们做的

事，而在经理期望他们有成绩的领域里却没有建树。造成这样的情况，完全是由于经理没有为员工做好目标设定，或者没有把目标设定清晰地传递给员工”。

美国大陆航空公司为了彻底改变昔日因航班误点损失高达每月500万美元的经营窘境，戈登·贝休恩抛出了“重奖按时着陆”的激励举措。

“如果每个月按时率达到国内同行的前五名，公司将给每位员工加薪65美元，以资鼓励。”正是在这一看得见、摸得着的目标的激励下，全体员工心往一处想、劲往一处使，终于在短短的两个月时间内，使航班着陆按时率多年来首次达到同行业的第四名。

于是，戈登·贝休恩便爽快地践行了自己的诺言，拿出260万美元给每位员工加薪65美元，并发表了热情洋溢的演讲：“表面上看起来，我们为员工加薪花去了260万美元，但相对于月均耗费500万美元来说，我们却节省了无效开支240万美元。也就是说，我们花钱来省钱，最终达到了获利的目的。

在此，我再重申一下我们的‘目标激励原则’：达到目标者，可‘品尝’奖励；未达到目标者，必‘吞咽’罚款。只有这样奖罚严明，才能使勤奋者更勤奋，使懒惰者变勤奋。”正是戈登·贝休恩这一看得见、摸得着的目标，才激发了员工的工作激情，最终实现了公司的目标。

作为一个管理者，想让员工最大限度地发挥他们的能力，就要让员工能够明确他们的工作目标。一是给员工树立一个明确具体的目标，很多时候，员工没有工作的动力，显得懒散无力，并不是他们不想努力，只是没有一个具体的目标，让他们没了奋斗的方向，不知从何处着手；二是给员工树立的目标要难易适当，把目标分成多个小目标去一步步实现；三是给予达到目标的员工一定的奖励，这不仅是一种鼓励，更是一种刺激，会让员工倾尽自己最大的全力，为实现目标而努力。

作为管理者而言，如何才能做到呢？以下三点可以借鉴：

1. 将目标具体量化，并指导员工如何去实施，让员工有信心有目的地去完成目标！很多时候，一个目标的确实，可以有效地改变一个人的工作态度。如果管理者能够帮员工明确他的工作目标，并且能够有效地指导他去实现目标，那么，他一定会变成一个自觉的人。

2. 给员工的工作目标要合理。也就是说，我们要根据每位员工的工作能力，制定其最合理的工作目标，即目标不能太难、太远，也不能太容易实现，要具有挑战性。同时，无论这个人的目标是什么，都要将其分成几个步骤去做，这样更有利于达成远大的目标。

3. 要根据员工完成目标的具体情况，给予员工适当的奖励和惩罚。这样可以最大限度地激发员工的积极性。这里需要注意的是，这种奖惩制度不要仅仅流于口头话，而要以制度的形式归于正式化。同时，奖惩制度要具体化，量化。比如完成任务后，要具体奖励多少金额。这样的奖励就会变得十分有刺激性和有价值，员工就会尽他最大的努力去完成自己的目标。

赫茨伯格实验：如何让人对一份工作感到满意

实验结果：对一份工作感到满意的因素主要有：让人感受到愉快、认可和成长的机会。

实验过程：什么样的工作最令人感到满意

工业与组织心理学家其实根本没有接受过心理治疗方面的培训，但他们接受的训练可以让他们去帮助管理者找出领导和激励员工的方法、帮助员工提高生产效率，以及从众多求职者中挑选出最优秀的人。

每个企业或组织都想找到那些具有“高度自我激励”品质的人。因为在企业或组织中，激励员工，或者找出他们缺乏工作动力的原因，是一件难事。很多员工一开始很有动力，但随着时间的推移，他们便失去了这种品质，这究竟是怎么一回事呢？究竟是什么原因致使有些人工作极为努力，而有些人却在组织中毫无动力？也许，我们能从赫茨伯格的实验中找到答案。

赫茨伯格曾经做过一个关于员工对个人工作满意缘由的实验。他的方法直截了当，他问人们，是什么让他们感到有动力和快乐，又是什么让他们在工作中有事与愿违的感觉。他们将人们的答案归纳为他所说的“保健因素”和“激励因素”，具体如下所示：

保健因素主要有：（1）你的薪水；（2）你和老板的关系；（3）你和同事的关系；（4）工作提供给你的地位；（5）工作保障。

激励因素主要有：（1）获得认可；（2）实现成就；（3）具有责任心；（4）获得发展的机会；（5）工作本身是令人愉悦的。

这里需要注意的是，保健因素都源于你周围的环境，它们与他人或工作的安排有关；而激励因素更多是内在的，它们能让人获得一种成就感和成长感。

为此，经过统计，赫茨伯格得出的结论是：保健因素和激励因素都较低的工作会导致员工的动力较小、工作满意度较低。但这里需要注意的是，如果一份工作有良好的工作保障和丰厚的薪水，而且与同事的关系良好，你会感到快乐吗？答案是并不会。赫茨伯格认为，虽然拥有这些是件好事，但它们最多只能防止你不开心。想想看：如果你的工作有极好的保障，你会为它高兴得跳起来吗？如果你的薪水不错，你可能会为此高兴一段时间，但几年后还不错的工资会让你习以为常，对我们所产生的积极的影响也会逐渐地消退。

赫茨伯格认为，要想在工作中获得真正的快乐，唯一的方法就是找到一份能够提供激励因素的工作：愉快的工作、认可和成长的机会。

实验延伸：如何才能让员工感受到工作所带来的“富足感”

我们多数人都想做自己喜欢并且有持续的动力去做的工作。简单地评选某人为“月度最佳员工”并不能解决问题。但是，管理者究竟应该做些什么才能让工作更“富足”呢？赫茨伯格所做的研究为我们提供了极为具体的建议，并不是所有的工作都可以变得非常有趣，但是所有的工作都可以被重新设计，进而让员工在完成工作时感到更为有趣。

管理人员要懂得，工作是由人做的。工作中的人性将会影响到工作的有效性。当我们站在人、组织、社会不同层面分析，先从人的生理维度提出思考：作为人，在工作中，何时有效？何时无效？如果将人与机器对比，机器最大的优势是可以简单、重复地工作，而人最大的特点是重复单一项工作会产生疲惫。

当人可以自己掌握节奏和速度时，不仅能有效延长自己的注意力，效率也会有所提升。再从人的心理维度考虑：什么情况下使人痛苦？什么时候能给人带来快乐？人在谈及工作给他带来的自豪感时，快乐而充满激情；反之，一个人如果在工作中找不到认同感、成就感或自豪感，就难以感受到快乐，渐渐就会在痛苦中对工作丧失激情。

人是在被需要、被欣赏、被认同的过程中体现自我价值，释放出内在激情和快乐的。从社会维度而言，工作带来社会身份、地位，从而获得身份认同也是一个因素。我们经常问：“您是在哪里工作？”对方回答中，自豪地说出工作单位、工作职责，尽管收入不高，却非常有自豪感、成就感。所以，身为管理者，在工作中要尽量顾及工作带给员工的成就感或自豪感。

另外，人也是需要归属感的。在工作中获得友谊，与同事一起探讨、交流、学习，一起工作的过程本身就是一种享受，很多人喜欢工作，其实是喜欢工作的过程。这就要求管理者在工作中要为员工创造轻松愉悦的沟通氛围，多组织一些有益的活动，促使同事间能和谐相处。

得寸进尺实验：先小后大，逐步推进

实验结果：欲先“进尺”必先让对方“得寸”，这样才能让人甘心情愿地接受。

实验过程：循序渐进总是更容易让人接受一些

美国一位社会心理学家弗里德曼曾做过这样一个有趣的实验：他让助手去访问一些家庭主妇，请求被访问者答应将一个小招牌挂在窗户上面，她们便答应了。

过了半个月，实验者便再次登门，再次提出要求，将一个大的招牌放在庭院内，这个牌子不仅大，而且很不美观。同时，实验者也向之前没有放过小招牌的家庭主妇提出同样的要求。结果前者有55%的人同意，而后者则仅有不到17%的人同意，前者比后者高出了3倍。后来，人们将这一心理现象就叫作“得寸进尺效应”。

得寸进尺实验告诉我们，人的每一项意志行动都有行动的最初目标，在诸多的场合之下，因为人的动机是复杂的，人们常常面临各种不同目标的比较、权衡和选择，在相同的情况下，那些简单容易的目标能让人接受。另外，人们也总是愿意将自己调整成前后一贯、首尾一致的形象，即便他人的要求有些过分，但是为了维护印象的一贯性，人们也会继续下去。

同时，这个心理学实验也告诉我们：要让他们接受一个很大的，甚至是很难的要求时，最好先让他接受一个小要求，一旦他接受了这个小要求，他就极容易接受更大的要求。

实验延伸：先小后大，方能够稳步推进

得寸进尺实验告诉我们：让人一下子接受“尺”并不容易，但接受“寸”就容易多了。这在管理中有着极为广泛的应用。比如身为管理者，要使员工愿意承受一些高难度的工作任务，那就先让其承受一些较小难度的工作，从小到大，逐步推进，最终让员工心甘情愿地接受；要使员工能够承受较大一些的压力，那就先让他们承受一些较小的压力，采用“搭梯子”式的管理方式，贯彻“自小到大，逐步推进”的原则，需要注意的是，一定要注意“梯子”依靠的地方要正确，而且间距不能够太大、大陡，做到扶一扶“梯子”，托一托人，这样才能让员工甘愿领受。

另外，在对待团队目标时，也要善于将大目标进行“拆分”，让团队一步步地实现大目标。换言之，身为管理者要带领团队实现大目标，就应像上楼梯一样，一步一个台阶，将大目标分解为多个容易实现的小目标，脚踏实地地向前迈进，每前进一步，达到一个小目标，就能够给自己增加信心，不断地推动自己去实现下一个小目标，最终实现大目标。

当然在此过程中，你也要做到以下几个方面：

1. 每个阶段的目标应该有激励价值，而且又有实现的可行性。是现实行动的指南，如果定得太低，实现起来太过容易，无法起到激励作用。但如果超出自己的能力范围，则不仅不能在预期的时间内见效，而且会挫伤个人的积极性，使自己失去信心，影响目标的实现。所以，在规划阶段目标时一定要根据个人才能、个人经验、社会阅历、个人素质等以及所处的环境条件综合进行考虑。

2. 目标要尽可能地具体，并且要限定时间。有很明确的具体的任务要完成，又有时间限定，你就能够集中精力，开动脑筋，调动自己和

他人的潜力，全力以赴地去让员工做该做的事情。这样成功就会离目标越来越近。

3. 目标也要具有灵活性，要根据不同阶段的需要不断地进行调整和修改。对于中长期目标，至少要做一次检验，做出必要的修改。僵化保守，很难发挥下属或员工的潜能。对于短期目标，也要根据现实情况的变化做出相应的调整，灵活变通，不要将目标限定死。

4. 设立不同阶段的目标时，一定要全面地衡量，切不可草率行事。要知道，设定不同阶段的企业发展目标，是企业走向卓越的重大起步，必须要配合具体的行动计划做充分的思考。要从企业的资金状况、所处的环境条件与需要等因素方向进行反复的思考、论证和比较，要将之看成企业发展的大事来对待。

5. 对不同阶段的目标进行大胆的尝试，在实践之中使其不断地完善。制定企业不同阶段的目标是对企业未来的设计，一定会有不完备之处。如果在实施的过程中发现超过了企业的能力所限，就要灵活地进行重整，甚至重新做决定，这是一种极为科学、认真的态度。

总之，一个企业的大目标是由成千上万个小目标组成的，只有管理者肯沉下心来，踏踏实实将每一个小目标都完成好，才能可能实现企业的大目标。

奥格登实验：信任的力量

实验结果： 信任比奖罚更能激发员工潜力。

实验过程： 信任是一种精神激励

信任是对员工的一项正向激励，对于领导者来说，它代表着一种能力。

心理学家奥格登曾做过一项测试人类警觉性的实验，来揭示信任对人的激励作用。测试者被分为 A、B、C、D 四组：

A 组为控制组，不用任何手段激励他们，只是告诉他们实验的规则；

B 组为挑选组，他们被告知自己是察觉能力最强的一批人，理应表现得最好；

C 组为竞赛组，他们被告知要以误差次数来评定小组的排名；

D 组为奖惩组，他们被告知每犯一次错误就会被罚一次款，无差错就会得到奖金。

多数人可能会认为 C 组或 D 组会在比赛中胜出，因为重奖之下必有勇夫，可是事实并非如此，实现的结果是 B 组的警觉性最强，因为他们被充分信任。B 组的成员被告知他们察觉能力强于其他小组，受到了良好的信任，在积极心理暗示的影响下，他们战胜了那些渴望胜出、害怕被罚或期望得到奖金的人。

由此可见，在管理中，信任是一种巨大的精神激励，它比物质的奖罚更能激发员工潜力。给予员工必要的信任，就能收到良好的激励效果。相信你的员工，把信心传递给他们，就能让他们心情愉悦地接受富有挑战性的工作。

实验延伸：信任能激发员工的潜力

在管理学上有一句话叫“疑人不用，用人不疑”。讲的就是要充分信任你的员工，也进一步印证了奥格登实验的合理性。不可否认，在管理中，信任是一种巨大的精神力量，比起物质上的奖励，它更能调动员工的工作积极性与潜能。

著名管理学大师彼得·德鲁克说：“在用人方面，信任最为重要。既然你选择了他，就不应该处处怀疑，处处不放心，这样才能使人才在其职位上发挥其聪明才智。”他的这些话是极有见地的。用人不疑，疑人不用。既然你怀疑他，当初就不要用他，用了他之后，又对其心存怀疑，只会令对方心灰意冷，这样也不能充分调动其积极性，也不可能让人才发挥出自身的聪明才智，这对管理者来说是一种极为失策的行为。对于此，松下幸之助颇有体会。他认为，起用某个人，只有在充分信任他的时候，他才能够一心一意地为企业拼尽全力。作为一个成功的企业经营者，他有个极为重要的观点就是“用人不疑，疑人不用”。他深刻地相信，对待任何人，首要的就是信任。

在20世纪20年代中期，松下电器公司刚刚起步，首先在日本的金泽市设立了营业所。金泽这个地方，松下没有去过，不熟悉那里的环境。但是经过多方面的考虑，松下还是觉得十分有必要在此成立一个营业所。而有能力去主持这个新营业所的主管，为数不少。但是，这些老资格的人却必须要留在总公司工作，以免影响总公司的业务发展。这个时候，松下突然想起了一位年轻的业务员，他刚满20岁，他自认为这位年轻的业务员不会因为年轻就担当不了大任。

于是，松下就决定委派这位年轻的业务员担任设立金泽营业所的总负责人。松下就将他找来，对他说道：“这次公司决定，在金泽设立一个营业所，我希望你能够去主持大局。现在你就立刻去金泽，找一个合适的地方，租下房子，设立一个营业所。具体的资金我已经安排好了，你只要努力去进行这项工作就好了。”

听了松下的这番话，这位年轻的业务员很是吃惊。他极为惊讶地说道：“如此重要的职务，我恐怕不能够胜任。我进公司工作还不到两年，只是一个无足轻重的小职员。也没什么经验，更没什么特殊的才能……”说话期间，他脸上的表情有些不安。

松下对他很是信赖。所以，松下就几乎以命令的口吻对他说道：“你没有做不到的事情，你一定能够做到的。尽管放心吧，你一定可以做到的。”

果然，这位年轻人一到金泽，立即就展开了相关的活动。他每天都将事情进展的情况一一写成报告呈递给松下。没过多久，一切筹备工作都已经就绪了，于是松下就又从大阪派去两三个职员，开设了这家营业所，取得了成功。

不疑就是要信任下属，让他独当一面。如果你觉得他可以担大任，哪怕他出了一些失误，也不要随便就怀疑他的忠诚度与能力，相反，如果你给予他更多的支持，他一定会因为对你心存感激而全身心地投入工作，从而激发出其工作潜能，达到预期的效果。

范旭东是一位民族资本家，他创立的永利碱厂刚开始聘请侯德榜担任总工程师，研制纯碱。为了研制纯碱，侯德榜夜以继日不停地干了4年，由于永利制碱在技术上无法与洋碱竞争，永利面临着倒闭的危险。

面对这种情况，股东们终于沉不住气了，要求要另请外国人担任总工程师。但是，这项决策遭到了范旭东的极力反对，他坚决不同意临阵换将的做法。为了力排众议，范旭东特意召开了董事会，在会上，他肯定了侯德榜的辛苦努力，并要求董事们“要像支持我一样支持侯博士的工作，在紧急关键时刻，千万不能挫减他的锐气”。

为此，侯德榜知道范旭东的话后，激动得热泪盈眶，他说："范先生挚诚相待、相濡以沫的精神使我终生难忘，今日只有一意死拼，以报范公之诚。"也正是由于范旭东对他的信任与支持，使得侯德榜更加努力，最终，永利纯碱厂在国际博览会上一举夺魁，挽救了面临倒闭危险的永利厂，同时也为祖国赢得了荣誉。

其实，在侯德榜的内心深处有一支渴望燃烧的激情火把，范旭东的这种饱含信任的激励，就是点燃这具火把的火种。侯德榜的激情一旦被点燃，就迸发出无穷的力量，从而挽救了永利制碱厂。

所以，身为一名企业管理者，无论在任何时候，信任都是你网罗人心、推进上下级关系的一道法宝。如果你选择了一个可用之材，那么就给予其充分的信任，那么整个企业的人际将会变得异常融洽，企业上下将会焕发出一片生机。

另外，对管理者来说，信任别人也是一种无形的资产，企业内部的信任可以大大推动企业文化的发展与提高工作效率，反之，企业内部如果缺乏员工的信任将不可避免地会对企业的良性发展造成极大的障碍。一个企业内部如果缺乏信任，不仅会造成大量外来员工的流失，从而导致企业过量透支人才替换成本并承担企业情报流失风险，使企业的发展严重受阻。

帕金森实验：精简机构，降低成本

实验结果：机构烦冗、臃肿，人员膨胀，是提升企业效率、降低成本的大敌。

实验过程：人员越冗杂，事情就会越多

帕金森实验是由哈佛大学教授诺斯古德·帕金森于 1957 年着手实施的。他通过实验发现，人员的晋升机会与机构增加成正比，所以，人们总是希望多多增加企业的内部机构。为此，他形象地描述了此种心理与行为过程。

在一个部门中，有一个企业经理人 A，当他时常感到工作太过忙碌或太累时，就急着要增加人手，因为他认为仅凭自己提升工作效率来解决是不切实际的，于是便找到比他级别和能力都低的 C 先生和 D 先生当助手，将自己的工作分两份给 C、D，自己掌握全面。

C 和 D 还要相互制约，不能够与自己竞争。当 C 工作也累也忙时，A 就要考虑给 C 配二名助手；为了平衡，也要给 D 配两名助手，于是一个人的工作就变成七个人来干。A 的地位也随之抬高。当然，七个人也会给彼此制造许多工作，比如一份文件需要七个人共同来起草圈阅，每个人的意见都需要考虑、平衡，绝对不能够敷衍塞责，于是，下属之间便产生了矛盾，他要想方设法去解决；升级调任、会议出差、恋爱插足、工资住房、培养接班人……哪一项都需要认真地研究，工作便也越来越忙，甚至七个人也不够用了……最终，帕金森便用英国海军部的人员证明：1914 年皇家海军官兵 146 万人，而基地的行政官员、办事员 3249 人。到 1928 年，官兵则降为 10 万人，但是基地的行政官员、办

事员却增加到 4558 人，增加了 40%。

最终，帕金森得到结论：一个人的工作分成很多人来做，比一个人做时还要忙碌，因为很多人之间会形成很多牵制关系，制造出许多新工作，于是很多人便会显得很忙碌。这样便形成了人浮于事、机构膨胀、效率低下的局面。

可以看出，机构、人员膨胀是提高企业效率、降低成本的大敌。为此，作为管理者，一定要经常检查一下自己企业的组织结构，看是否有机构臃肿、人浮于事、效率低下的情况。若有的话，则需要尽快地改进。

当企业发展壮大之后，很多管理者会信心爆棚，从组织结构到人员设置，都有盲目求大的心理，这个时候需要警惕“帕金林定律”的发生。

实验延伸 1：组织结构冗余，正不断地侵吞着公司的价值和竞争力

帕金森实验告诉我们，一个组织的结构越是冗余，管理人员也就越忙，产生的效益也越低下。对此，世界战略管理大师哈默尔也曾指出，一个公司人员越多，就会有越多的员工层组，每一层都需要管理人员去管理下一层的工作人员。但是管理人员越多，基层员工的意见和建议就越难被听到。而决策的决定和执行也会越来越没效率。哈默尔认为，要解决这一现象，只需要一招，那就是解雇所有的管理者。

帕金森实验与哈默尔的话皆道出了许多企业普遍存在的管理问题，即公司低效、部门相互推诿、员工缺乏责任心的根本原因。在传统的“金字塔”式的组织结构中，一项业务流程需要由许多的职能部门来分别承担其中某一部分的工作，这种专业化分工只讲求工作的专业性，而没有注意到跨部门衔接的困难和低效率以及对员工积极性和创造性的抑制。为了使分离的流程重新结合起来，企业只能依靠层层相叠的层级制作为“黏结剂”。因此，“金字塔”式的组织结构是这种劳动分工的必然

产物。

浙江有一家皮革生产厂家，效益曾经是行业中的翘楚，但最近几年，随着市场的细化，该厂一度陷入效益不佳的局面，尤其是最近，该厂的总经理觉得厂里员工没干劲，不是缺席，就是迟到早退，交货总是延误。最为主要的是该厂生产的产品质量有点不过关，总是不停地接到客户商家的投诉。虽然总经理想尽办法想提高团队员工的战斗力，却始终不见成效。

后来，总经理进行深入调查发现，工厂内部的高层，即运营总监、厂长、生产管理科长和采购经理等人，平时不将精力用于搞好生产、提升效益，而是将大量的时间争权夺利、搞小团体主义。

因为高层不努力，使部门之间沟通不畅，采购部、生产部和营销部，也经常因为任务完不成而相互推诿、责备、埋怨。另外，厂长尽管一再强调要提升产品的质量，但下面的质量监督部门却始终贯彻不了，拿不出实质性的改善质量的方案来，有时候即便提出了一些改善的方案，却因为层层传达的缘故，始终使底层操作者无法执行到位。

另外，因为高层领导不给力，下面的领班、小组长等也是无心工作，每每遇到困难，向上面反映很久都没能得到解决的方法，致使生产长期停滞，长期任务目标无法达成。

同时，该厂组织结构冗余，全厂128名员工，其中有1名总经理、2名运营总监，厂长、产生经理、采购经理及其他们的助理，算起来也有近10名，下一层的质量经理、生产经理、工程经理、人事行政经理及其助理，加起来也有16名，再加上生产经理属下的制造主管、装配主管以及各个生产车间的领班、责任人等，加起来有29名之多。这也意味着，该厂中的128名员工中，其中有58名都属于管理者，占总厂人数的近44%之多，底层的执行者仅有70名，这样烦冗的结构组织，效率自然是低下的，再加上内部人员在争权夺利中的内耗，生产计划自然难以完成。

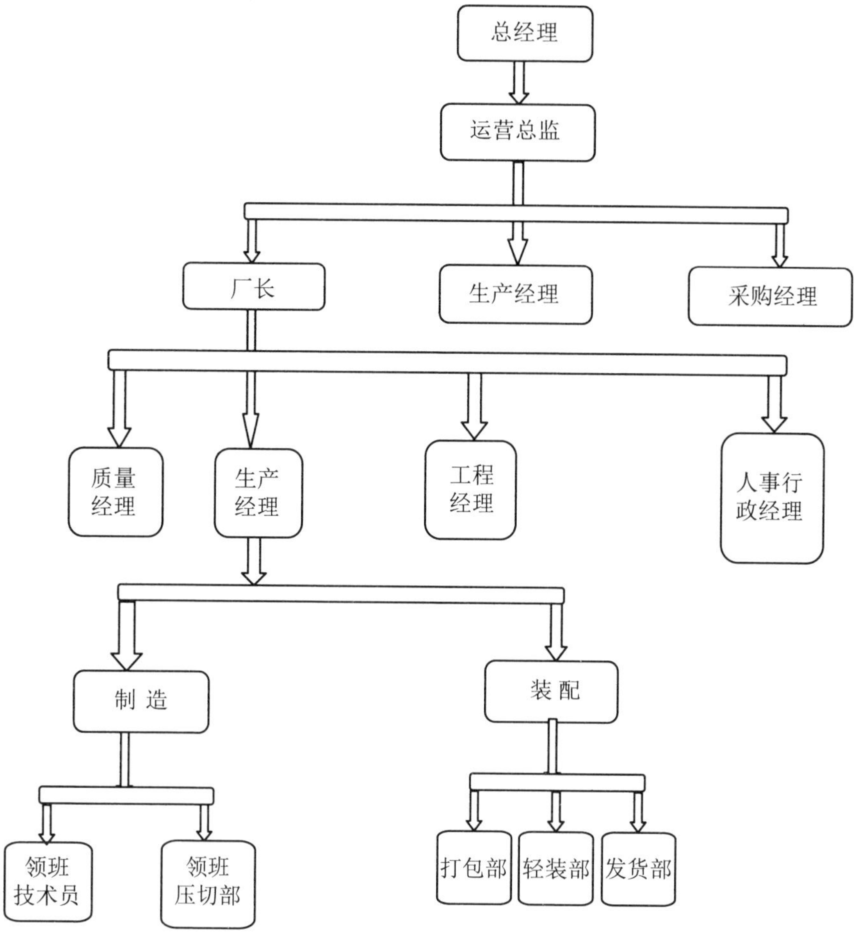

图 1—1　该皮革生产厂内部繁冗的组织结构

从以上的这个图表可以看出，该企业的组织结构非常不合理，纵向太长，多重领导，信息传送反复，沟通成本增加，生产效率低下，高层的计划得不到落实。更何况，该企业中有近半数都是管理层，也就是说，有近一半的人在领导一半的人干活儿，这就是典型的“过度”管理。

这种组织结构与管理模式，已经是企业“效率”的重要阻碍，这种组织结构模型缺乏灵活性：行政结构宠大，各个部门之间的横向联系也极为薄弱，各个部门之间的协调性越来越难，各个职能的成员注重部门的目标而非企业的整体目标，使工作效率受到影响。同时，一旦遇到问题，各个部门之间则是互相推诿、抱怨。这样不仅造成人力资源的浪费，增加了生产成本，而且还大大降低了运营效率。

实际上，企业组织结构复杂，就如同度过漫长冬季后的屋子一样，大多数公司发展到一定时期之后就会出现一片杂乱的景象。家中的乱象主要包括穿上下的衣服、坏了的运动器械以及常见的尘土；公司的组织结构中的乱象则包括无利可图的产品或服务、冗余或相同的流程、不再能满足工作目的的组织架构等。所有这些乱象都会增加公司管理工程的复杂度，抵消企业的价值和竞争力。所以，要想公司发展得越来越好，关键就在于扫除这些乱象，简化企业的组织结构，从根本上简化公司出现的糟糕复杂度。

在 21 世纪初，乐高曾经一度举步维艰。那时，由于竞争激烈和成本基准高昂，以及面向 5 岁至 12 岁儿童推出的视频游戏塑料玩偶需要不断地更新换代，导致乐高公司出现的亏损不断地扩大。这个时候，公司当即选择从正面迎战这些威胁。虽然乐高公司用创新性的产品来迎合新的消费者细分市场，开辟出了乐高专营店，并对旗下的乐高主题公园进行扩张，但这些措施帮助乐高提高营收的同时，其背后所存在的复杂度也侵蚀了很大一部分的利润。到 2003 年，乐高已经濒临破产。

当时的新任 CEO 约恩·维格·克努德斯托普在接管乐高之后，实施了名为“回到积木”的简化项目，对产品和流程的复杂度进行了大刀阔斧的削减。这一系列的改革过后，现在的乐高要比以往更为简单，盈利能力也更强。

在如今全球化和日益数字化的组织中，复杂性对公司的生产力与工作场所存在的负面影响日益提高。公司的管理者必须将“简化”当成一项核心领导力来培养，并让“简化”成为公司商业战略的关键要素。

实验延伸2：组织结构“扁平化”：别让“闲杂人员”拖累了你的公司

帕金森实验告诉我们，组织结构的冗余，是造成组织效益低下的重要原因。要有效地提升企业的效率和灵活度，就要减少管理层的干预。如果你没有解雇企业内部管理者的魄力，那就尽可能地使你的管理组织“扁平化”吧。因为传统的“金字塔”式的层级管理组织，已经是企业“效率”的重要阻碍。这种组织结构僵化，缺乏灵活性：行政结构庞大，各个部门之间的横向联系极为薄弱，各个部门之间的协调性越来越差，各个职能的成员注重部门目标而不是企业的整体目标，影响整个效率的提升。同时，一旦遇到问题，各个部门之间则是互相推诿、抱怨。这样不仅造成人力资源的浪费，增加了生产成本，而且还大大降低了运营效率。可以说，金字塔式的自上往下的矩阵图式的传统的企业组织架构，已经难以适应激烈的市场竞争与快速变化的环境要求。为此，对企业原有的组织结构进行“瘦身”，推行“扁平化”的组织结构已经势在必行。

这几年来，小米的发展速度可谓令人惊讶，在短短的几年内，小米手机的产品产量为何能冲进全球前三？这都得益于小米公司内部实施“扁平化”的组织结构与简化管理。他们始终认为：互联网时代，公司必须学会缩短与消费者之间的距离，真正做到贴近用户、走进消费者的心里、与消费者融合到一起。只有这样才能跟消费者进行有效的互动，才能够顺利将消费者变成小米产品的推动者，甚至是变成小米的产品设计研发人才，传播和推动小米产品。而要实现这个目标，就要将公司的组织结构扁平化和简化管理模式。

为此，小米的组织完全是扁平的。七个合作伙伴线管一站，组织结构基本上是三个级别：核心创始人、部门主管和员工，任何决策都是“一极插正”执行，能够有效地保证效率。为了避免出现臃肿的团队，一旦团队达到一定的规模，并成为项目团队的独立团队，就必须要对人员进行拆分。最为重要的是，小米从来没有打卡制度，没有考核制度，重要强调员工的自我驱动，强调要把别人的事当成自己的事，强调责任感。小米公司的每个小团体的行为目标完成是围绕市场与用户体验价值而定的，决不让团队过大。小米的做法反映了在网络时代企业的创新管理模式：简单、高效和完善。

对此，雷军说："管理要简单，要让员工快速工作必须要简化你的管理。在小米，每个工作人员没有分配具体的工作，他们也不会考虑如何获得促销这一"东西"，可以专注于为顾客提供产品和服务。小米内部没有打卡制度和考核制度，就是强调员工的自我激励作用，强调员工要时时将别人的事情当成自己的事情，强调责任感。人们被驱使去做事是在产品的信念下，而不是在管理上。"

从整体上来看，小米公司的管理非常简单，一层产品、一层营销、一层硬件、一层电商，每层由一名创始人坐镇，大家互不干涉，除七个创始人有职位，其他人都没有职位，都是工程师。所有员工晋升的唯一奖励就是：涨薪。不需要员工考虑太多杂事和杂念，没有什么团队利益，一心扑在本职工作上。

当然，扁平化的组织之间，也是有竞争制度的，大家为了竞争做事情，为创新而创新，而不一定是为了用户而创新。其他公司对工程师强调是把技术做好，而小米的要求是，工程师要对用户的价值负责任，为伙伴负责，而不是为了技术而技术。

可以说，"扁平化"管理是以工作流程为中心而非以部门职能来构建组织结构。由于组织架构得到了细分，最基层的阿米巴组织也能够最大限度地发挥公司整体的能量。企业员工经过组织划分后，由于责任细化，便会萌生一种经营自家企业的意识，工作会更加积极主动，从而在公司中传递源源不断的正能量。

将组织简化，划小经营核算单位，管理去中心化，激发活力，从中央集权变成小单位作战，是未来企业发展的趋势。无论是海尔的自主经营体，还是华为的“班长的战争”，都是在把大企业做小，激发经营活力，提高各个经营体的自主经营能力。相应地，组织管理出现去中心化，管理层级越来越少，组织变得更为简约，以激发组织活力。同时，实现总部的平台化、集约化，以提高总部对市场一线的支持服务能力；而一线则是要提高综合作战能力，对市场和客户做出快速的反应，这是未来企业组织变革的趋势。

当然，企业在推行“扁平化”的组织结构，需要注意以下几点：

1.“放权”是实现“扁平化”组织管理的关键。

在现实中，许多企业在多年的经营中，已经形成了“等级森严”的管理等级，要实现“扁平化”管理，可能会因为触及这些管理层的利益而遭到抵制，这时企业主就要拿出魄力来进行改革。同时，实现扁平化管理的关键在于将权力下放到基层，如果管理者不肯放权，那么即便你企业的组织结构再简化，也难以真正实现扁平化管理。

2. 强调以用户为中心，以市场为导向，建立各自领域里的事业体。

扁平化管理是自下往上的“蜂巢图”，由许多个“班长式”团体购成的组织基础，每个小的组织都是一个独立的利润中心。这种组织结构，使员工打破了原有的部门界限，绕过原来的中间管理层次，直接面对顾客和向公司总体目标负责任，以群体和协作的优势赢得市场主导地位。这种管理模式灵活、敏捷、富有柔性和创造性，是提升整体公司利润的一种有效方法。

腾讯公司曾指出，企业大了以后最大的问题就是消除内部的“敌人”，要破除大企业病，保持小企业的灵活性和创新精神。所以，自2012年开始，腾讯就在进行组织结构的调整，不再以业务模块为中心或者以合伙人为中心，而是强调必须以客户为中心建立事业体。

现在，腾讯已经形成了七大事业群，包括网络媒体事业群、社交网络事业群、互动娱乐事业群、技术工程事业群等。各个事业群围绕着客户来整合各种资源，真正建立以客户为导向的事业体。事业群内部也不再搞“金字塔”式的管理，而是基于客户群体形成大项目里套小项目的项目合作制，一个事业群内部有无数个项目组在合作。

腾讯的这种组织变革其实是希望抓住互联网聚集、快速、灵活的优势，在事业群里充分发挥民营小公司的灵活性和创新精神。

扁平化组织在公司中的运作核心是：通过“班长式”小团队的自我管理，不断地释放整体知识能量，进而实现公司价值创造空间的创新和拓展。

3. 注重企业内部良性文化的建设。

“班长式”的经营结构与扁平化的组织结构，使公司的很多经营权与决策权下放到诸多的“班长”手中，这除了需要通过制度对“班长”和“组织”进行约束外，更多时候要靠企业内部的良性健康的文化进行约束，靠价值观去凝聚人、牵引人，一切围绕“客户”，以市场为导向，提升灵活性和自发性的同时，也要搞好监管。

由此可见，要真正实施扁平化管理，由企业主带头，营造良好的企业文化氛围显得极为重要。

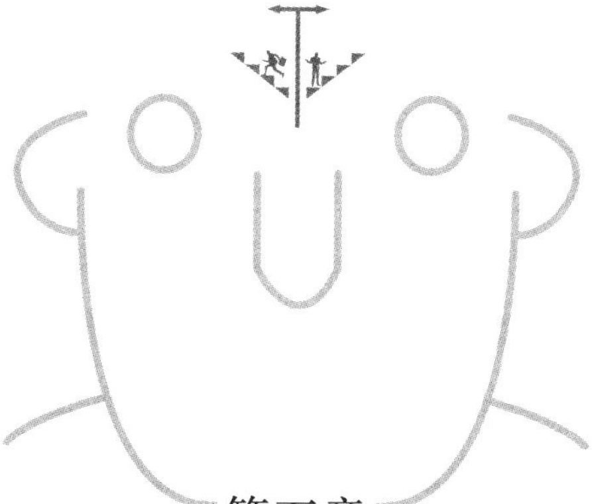

第五章

人际心理学实验：读懂人心，方能做对事情

人际交往是每个人必须要掌握的一门学问。一个人缘好、工作顺心、事业顺利者，一定是懂得把握人心的智者。在纷乱复杂的社交关系中，聪明人往往心思细腻，知深浅，懂进退，善于解读别人、隐藏自己、攻守相济。这是一种正向的智慧，更是一门实用的学问。那么，要想在人际交往中游刃有余，首先要拥有读懂人心的本领，一个人只有真正地洞悉人心，才能根据他人内心的想法调整自己的行为方式，把事情做得恰到好处。本章列举了人际关往的几个常用的心理学实验，其中包括说话方式、与陌生人见面需要注意的细节、外表的修饰等方面，旨让人在懂得他人心理的基础上，去做正确的事情，从而能在职场、交友、婚恋场上做一个受欢迎的人。

阿伦森实验："先抑后扬"是项技术活儿

实验结果：先抑后扬是一种极为有效的激励或赞美方式：人们会随着奖励的减少变得消极，随着奖励的不断增加而变得积极。

实验过程："丑话"要放到前头说

在生活中，我们都有这样的体会：那些高情商者，在赞美或激励他人时，都会采用先抑后扬的方式，他们总是善于将"丑话"说在前面，将最大的惊喜留在后面，这种方法是否有科学依据呢？对此，美国著名的社会心理学家艾略特·阿伦森曾进行了一项实验，实验过程是这样的：

艾略特·阿伦森找来一群人，将他们分为四组，并且让这四组人分别对某个人进行评价，第一组人员始终对他赞美有加，第二组人员一直都在贬损他，第三组人员采取的是先褒后贬的评价方式，第四组人员采取的是先贬后褒的评价方式。测试的结果是，被评论的人对第四组人员最有好感，对第三组人员最为反感。这个实验充分证明了阿伦森的猜想。

实验延伸 1：人际交往遵循"欲扬先抑"原则

阿伦森实验告诉我们，在人际交往中，欲扬先抑，先抑后扬，并且能为他人不断带来好处的人最受欢迎，而如果我们要想做个受欢迎者，就要懂得运用此原则。在欲扬先抑中，抑的目的在于高扬，抑得越重，扬得就越高，这前后的反差感，给人带来的精神愉悦便也越强烈。

一个商场里的销售员的业绩总比其他销售员的要好很多。一天，店领导问她有什么秘诀。这位销售员说："没有什么秘诀，真的很简单！

别的售货员称糖时，总是先装得满满的，而后往外取出，而我却相反，先装得少一点，过秤时再添上一些，并随便说上一句：'我送你两颗，谢谢你的光临，欢迎再来。'这便是我的销售诀窍。"

这位销售员运用的就是先抑后扬原则，即先装得少一点，过秤时再添上一些，最终再送顾客两颗，这种持续性地不断地给顾客提供好处的方式，自然能获得顾客的好评。

在人际交往中，真正的情商高手，都懂得“丑话说在前头”，以避免后面出现“丑事”，这也是欲扬先抑的处事原则。无论在生意场上，还是在社交场合，越是靠谱的朋友，就越会说丑话。

一位朋友找周旋借钱，周旋知道对方是个不靠谱的人，总爱四处找朋友借钱，并且还总不还钱。周旋不想借给他，但怕直言会让对方生气。

于是，他说：“你听过这样一句话吗？要想和朋友绝交，你就借钱给朋友。”

朋友问：“你是怕我借钱不还，最后跟你闹翻脸吗？”

周旋笑着说：“我是真怕为此而失去你这个朋友啊。”

随后，这位朋友也真诚地对他说：“我知道你是为了我们的友谊着想，非常理解你，以后我们还是好朋友！”

周旋为了不得罪这位朋友，选择了“丑话说在前头”，这样的真心话也获得了对方的理解，保住了两人的友谊。对此，心理学家泰斯·朗曾说：“说到位的丑话，就是漂亮话。”学会真诚地说“丑话”，甚至比漂亮话还有效，它能避免以后出现伤感情的“丑事”，有效地避免了人与人之间的冲突，这也是欲扬先抑社交法则的有效运用。

实验延伸 2：别患上“赞美依赖症”

艾略特·阿伦森的实验固然简单，但在生活中的运用却极为广泛。比如初出茅庐的大学生作为职场新人，小有成绩后自然会受到上司和老板的表扬。但工作时间长了，大家对他的出色表现已经习以为常了，他听到的表扬声就越来越少了，久而久之他便感到自己在公司里无足轻重，挫折感越来越强烈，工作积极性大为降低。上司和老板对此深感不满，批评声越来越多，大学生内心的挫败感进一步加剧，工作效率越来越低，给别人留下的印象越来越糟，随后便陷入恶性循环中挣脱不出来了。阿伦森实验也从另一个侧面告诉我们，在任何时候都要客观地看待表扬和批评，不可患上“赞美依赖症”，更不可因为外界加给自己的毁誉而影响了平静的心境。

马克·吐温曾写过一篇名为《羊皮手套》的小说，故事讲述的是：我到百货店购买羊皮手套。漂亮的女店员给了我一副蓝手套。我说我不喜欢蓝色，女店员却说我的手和蓝色很配，听到这番恭维话，我忍不住瞄了自己的手一眼，竟也觉得柔和的蓝色很适合自己。我把左手伸进手套试戴，发现自己的手太粗大了，根本就没法把它塞进那只小巧精致的手套里。女店员却说刚刚好。我听了这话心花怒放，使劲地拉扯手套。女店员又说：“一看就知道您平时是戴惯了羊皮手套的，不像某些人那样笨手笨脚。”

我又听到了一句恭维话，更努力地拉扯羊皮手套，拼命把自己的手掌往里塞，一不小心把手套扯碎了，上面出现了一道大口子。女店员仿佛什么也没看见似的，还一个劲夸我有经验，我一用力，手套的背面又开了个口。女店员继续喋喋不休地夸奖我：“这双手套简直就是为您定做的。我以前一直不知道什么样的先生适合戴这样的手套，您戴着它显得非常大方得体。”就在这时，手套的指节也裂开了。那只手套顷刻间就变成了一堆满是裂口的破布，我实在不好意思还给人家，只好佯装高兴地说：“我双羊皮手套挺合适，我很喜欢它。另外一只不用试了，我到街上戴上就行了。店里太热了。”我一面说着，一面付了钱，狼狈地离开了百货商店。

《羊皮手套》的故事告诉我们，在别人的恭维面前，一定要保持清醒和理智，否则就会把自己推向窘境。赞美对每个人来说都是越听越想的，他人的赞美确实可以增强我们的自尊心和荣誉感，但如果我们太过依赖外界的赞美，就会沦为别人的附庸。虽然我们不能像庄子那样，达到“举世誉之而不加劝，举世非之而不加沮”的思想境界，但是至少应该做到正确地对待赞美和批评，既不要让自己被赞美声冲昏了头脑，也不要让自己被批评得口水吞没，任何时候都保持一颗平常心，尽量看淡世间荣辱。

受到赞美时，人的通常反应是欣喜万分，受到批评指责时，都会备感失落。赞美就像糖果，我们得到越多，心里越甜，得到越少，心里越不是滋味。所以我们做事的动力和幸福的感受掌握在别人手里，别人可以很慷慨，也可以很吝啬。如果我们不能摆脱对外界的依赖，就永远会被别人牵着鼻子走。不妨把赞美和批评看得淡一些，这样我们才能更好地坚持自我。

反馈效应实验：及时的“反馈”，是一种激励

实验结果：多数人都希望自己所做的事情能够在第一时间得到别人的肯定、表扬或赞誉，可以说，及时的“反馈”是一种莫大的激励，能让我们不断变得更好，哪怕是被及时指出的错误。

实验过程：及时反馈是一个人成绩稳步上升的“推动力”

反馈原本是物理学中的一个概念，即指将放大器的输出电路中的一部分能量送回输入电路中，以增强或者减弱输入讯号的效应。后来，心理学上借用这一理念，用来说明学习者对自己学习结果的了解，而这种

对结果的了解又起到了强化作用，促进了学习者更加努力学习，从而提高学习效率。对此，著名的心理学家赫洛克设计了这样一个经典的实验：他将 106 名四五年级的小学生分为 4 组，让他们练习 5 天难度相同的加法，每天 15 分钟。每组的练习都是在不同的情况下进行的。

第一组是受表扬组，即每次练习过后都予以表扬和鼓励；第二组是受批评组，每次练习后均予以严厉批评；第三组为被忽视组，每次练习后都不予置评，仅让其静听对其他两组的表扬或批评；第四组为控制组，每次练习后都不予评价，且与其他三组隔离。

就这样，8 周时间过去了，前三组的练习效果全部都优于第四组，受表扬组和受批评组明显优于被忽略组，而受表扬组的成绩稳步上升。结果表明，给予反馈比不予评价效果要好，适当表扬的效果要明显优于批评，批评的效果好于不予评价。

这则实验说明，学习者对自己学习结果的及时了解，对学习积极性有着强化作用，有助于提高学习效率。反馈方式不同，对学习的促进作用也不同。及时地得知自己的学习成绩对学习有着极为重要的促进作用，而且及时反馈要比隔一段时间反馈效果要好得多。

实验延伸：及时获得他人的肯定、承认，是人的天性

反馈实验告诉我们，获得他人的肯定或承认，是每个人的天性。而作为同事、朋友、合作伙伴来说，及时地承认对方的成就、业绩等，显得至关重要。当一个人得到自己的同事、朋友、合作伙伴的欣赏时，及时的赞赏、表扬和鼓励对他来说是最好的奖品，不仅可以让他更加愿意付出，还能够让彼此的关系更融洽。

同时，在学习或工作中，如能及时地获得他人的反馈，也能使我们获得前进的动力。对于一个学生来说，只要对他们的学习成果及时测试，让他们清楚地知晓自己的学习效果，有利于及时提升他们的成绩。同样，对一个领导来说，如能及时反馈员工的工作表现，有利于提升他

们的工作积极性，尤其在员工完成某一阶段的工作任务后，他们并不能完全确定自己的工作成效与方式是否能得到企业的认可。这时，企业管理者需要通过绩效反馈将员工的绩效告知员工，从而促进他们今后工作的提升。同时，对于管理者来说，对于员工工作表现突出的地方，及时基于赞美、表扬，以此来激发员工更大的工作热情；另外，对于员工工作中的不足之处，也要及时地给予指正，以助其完成绩效目标。

福物斯波罗的公司是美国一家专门生产精密仪器设备的高技术产品公司。其在创业初期，在技术改造上遇到了若不及时解决就会影响企业生存的难题。

有一天晚上，正当公司总裁为此冥思苦想之时，一位科学家则是拿着产品的设计方案闯进了办公室，向总裁阐述他的解决办法。总裁听后，觉得其构思确实非同一般，便想立即给予嘉奖。但是他四处寻找一番，发现没有合适的东西给这位科学家，于是，在抽屉中翻找了好一阵子的他，最后便拿着一件东西递给了科学家说道："这个给你！"这个东西并不值钱，而只是一根香蕉。这是他当时所能找到的唯一可以犒赏这位员工的奖品了，而科学家为此也感到大为感动，至少说明总裁是在对他的工作给予承认与肯定。自此之后，他更为刻苦，为企业攻克了诸多的科技难题。

从此以后，该公司就专门特制一些金的香蕉形的别针作为对攻克重大技术难题的技术人员的特殊奖励。肯定性的激励的适时性主要表现为"赏不逾时"的及时性，公司总裁在没有别的东西，只有一根香蕉时也要拿出来作为奖品，足见其能够真正领会及时激励式管理的作用。

对此，我们可以试想：假如这位总裁拿着产品设计后当时什么也没有做，而是过了十天或半个月后，再给这位科学家以金钱或者别的什么奖励的话，那么，科学家的触动也不会如此之大！

奖励也好，惩罚也罢，及时对员工的表现给予反馈，将会极大地激励员工的工作积极性。对此，管理学家尼尔森曾经特别强调，赞美员工需符合“即时”的原则：企业的经营管理者应该尽可能地在每天工作结束前花上短短的几分钟时间写个便条对那些表现较好的员工表示称赞，或者通过走动式的管理方式及时去拜访一下员工，及时给予他们鼓励；抽空与员工一起吃个午餐、喝杯咖啡；公开对他们进行表扬，等等。总之，管理者只要你肯花费多一点的精力，员工就能够从中得到莫大的安慰与鼓舞，从而会使工作成效大大地提升。当然，对于员工犯错，也要及时地予以反馈，让其以最快的速度改正错误。

当然，在反馈时，要懂得正确地运用鼓励与批评。鼓励很重要，但也不能夸大其词；对错误和问题的批评要及时、慎重，不能讥笑和嘲讽。要使鼓励和批评收到实效，关键是理解和尊重，要凭敏锐的感觉体察对方的心理，利用智慧对症下药，这样才能让对方感受到管理者的真诚。

“多看效应”实验：见面长，不如常见面

实验结果：与一个人接触越久，就越容易产生情感。

实验过程：对于人或物，相处的时间越久，就会越喜欢。

心理学上有一个名词叫“多看效应”，即指我们因为接触的次数频繁，最终导致产生心理偏好的一种心理过程。“多看效应”是著名心理学家查荣茨的心理学研究成果。他曾做过这样一个实验：

20世纪60年代，查荣茨叫来一些志愿者，并向他们展示出一些人的照片，但是每张照片出现在人们眼前的次数并不相同。有些照片出现了二十几次，有的出现十几次，而有的则只出现了一两次。之后，查荣

茨博士请看照片的人评价他们对照片中每个人的喜爱程度。结果发现，参加实验的人看到某张照片的次数越多，他们对照片中的人也就越喜欢。人们更喜欢那些看过二十几次的熟悉照片，而不是只看过几次的新鲜照片。这样的实验结果证明了“多看效应”的原理：一个人与另一个人的见面次数会增加彼此喜欢的程度。

实际上，与查荣茨实验相似的，还有另一位心理学家做过的另一个实验，实验的内容是：在一所大学的女生宿舍楼里随机找了几个寝室，并发给寝室里的女生不同口味的饮料。然后要求这几个寝室的女生，可以以品尝饮料为理由，在这些寝室间互相走动，但是有一个要求，就是彼此在见面时不能够进行交谈。

一段时间之后，心理学家通过调查每个女生的感觉来评估她们之间的熟悉和喜欢的程度。实验的结果表明：女生们见面的次数越多，她们相互喜欢的程度越大。虽然彼此之间都没有经过语言的交流，但是常见面却让陌生人变成了朋友。

“多看效应”说明，若想增强人际吸引，就要留心提高自己在别人面前的熟悉度，这样可以增加别人喜欢你的程度。在生活中，一个自我封闭的人，或是一个面对他人就逃避和退缩的人，由于不易让人亲近而令人费解，也就是不太让人喜欢了。在社交场合，如果想给人留下好印象，常出现在他面前就是一个简单有效的好方法。

当然，“多看效应”发挥作用还需要一个前提，那就是你给人的第一印象还不差。否则。与人见面的次数越多，反而越引起对方的讨厌。女人对于死缠烂打的追求者无比厌恶，就是这个原因。

实验延伸：要改善你的人缘，就要多与人见面

查荣茨通过实验得出的“多看效应”，在生活中有着极为广泛的应用。谈过恋爱的人都知道，两个人在一起久了就难免会“日久生情”；在社交场合，经常见面的“熟人”办起事来，一定要比刚见面的陌生人

更让人产生信赖等。另外，对于我们个人来说，在交际中，如果我们想将陌生人变成熟人，那么就要留心提高自己在别人面前的熟悉度，这样可以增加别人喜欢自己的程度。所以，我们说与其跟不熟悉的朋友一次见了很长时间，倒不如每次见面短一点，见面次数多一点，这样反而能够取得更好的效果。

有个商人利用自己的业余时间为一些国内的知名作家牵线搭桥，通过自己的商业关系把他们的作品卖到了海外。其实，这位商人跟这些作家并不认识，但是他经常参加一些作家们的沙龙、集会。而很多海外的出版商也经常慕名而来，请他帮忙联系一些国内的作家。

有一次，越南的一个出版商找到这位商人，说明自己要购买沈阳一个知名作家的作品。得到这个消息的时候，商人正在北京开会。为了不让越南的出版商失误，他给一个出版界的同行和一个文化媒体朋友发了短信，这两个人在沈阳颇有人脉。一会工夫，两个人都回复了短信，商人得到了他要找的作家的联系方式。同时，朋友还嘱咐他，这位作家现在正在北京开会，过两天就回沈阳了。商人当晚就跟这位作家取得了联系，结果发现彼此竟然在同一个会场开会，中间休息时见过几面。而且在之前的一些会议上也都见过面，说着说着，彼此似乎成了十分熟悉的朋友。最终，商人帮助作家将其若干部作品的著作权卖到越南。

这位商人朋友总结自己成功的经验说："在如今这缺少交往的年代，我之所以能够赢得大多数作家的信任，跟我经常在文艺界抛头露面不无关系。我经常参加各种各样的会议，经常跟行业内的作家进行交流，还经常在有关媒体上发个小文章。露面次数多了，认识我的人就多了，了解我的人也多了。所以，有的作家虽然与我未曾谋面，可是他对我已经知道不少，我们交流起来也就顺利多了。"

所以，如果你想改善自己的人缘，不妨多在朋友之间走动走动，即使只是参加一些聚会，露个脸，经常与人聊天，拉拉家常，带点小礼物。在这些细节的来来往往中，就无形中提高了自己的交际吸引力，也获得了朋友们的好感。

“多看效应”固然可以让我们在与陌生人的交际中如虎添翼，但是需要注意的是，“多看效应”并非是一把万能钥匙，它发挥作用的前提是“首因效应”要好。也就是我们给人留下的第一印象不是很差。如果我们给别人留下的第一印象就很差，那么见面越多反而会越惹人讨厌，这时候再坚持“多看效应”反而得不偿失了。所以，一切的前提，还是要认清自己，将与陌生人交际的法则融会贯通，如此在交际中才能得心应手。

“近因效应”实验：印象取决于其最近的表现

实验结果：对一个人印象的好坏，往往取决于其最近的表现。

实验过程：对一个人产生的印象，是由新近获得的关于他的信息决定的

人都说爱情是最不讲道理的，无论之前你对一个人多么呵护备至，只要最近一次不小心得罪了他或她，刻骨铭心的爱就有可能转化成刻骨铭心的恨，好好的一对情侣莫名其妙地变成了互相折磨的冤家。千万不要认为出现这种情况是因为你的恋人无理取闹，其实这主要是近因效应在起作用。

“近因效应”实验是美国心理学家卢钦斯用自己编撰的两段文字作为实验材料而进行的一项心理学实验。他编撰的文字材料主要描写了一个叫吉姆的男孩的生活片段，第一段文字将吉姆写成热情并外向的人，

而另一则文字则相反，将它描写成冷淡而内向的人。比如，第一段中，他这样描写吉姆：吉姆与朋友一起去上学，走在洒满阳光的马路上，与店铺里的熟人说话，与新结识的女孩子打招呼等；第二段中说吉姆放学后一个人步行回家，他走在马路的背阴一面，他没有与新近结识的女孩子打招呼等。在这个实验中，卢钦斯将这两段文字加以组合，分为四段：

第一组，描写吉姆热情外向的文字先出现，冷淡内向的文字后出现。

第二组，描写吉姆冷淡内向的文字先出现，热情外向的文字后出现。

第三组，只显示描写吉姆热情外向的文字。

第四组，只显示描写吉姆冷淡内向的文字。

接下来，卢钦斯随机到一个学校抽取了一些学生，并让这些学生分别阅读四组的文字，然后再回答这样的问题：你觉得吉姆是一个什么样的人？结果发现：

第一组认为吉姆是友好的被试有 78%；

第二组认为吉姆是友好的被试只有 18%；

第三组认为吉姆是友好的被试有 95%；

第四组认为吉姆是友好的被试只有 3%。

根据这个结果，卢钦斯得出结论：信息所呈现的顺序会对社会认知产生极为重要的影响，先呈现的信息比后呈现的信息有更大的影响作用。但是，卢钦斯进一步的研究发现，如果在两段文字之间插入某些活动，比如做数学题、听故事等，则大部分被试会根据活动以后得到的信息对吉姆进行判断，也就是说，最近获得的信息对他们的社会知觉起到了更大的影响作用，这个现象在心理学上被称为“近因效应”。

所谓的“近因效应”是指在总体印象的形成过程中，新近获得的信息比原来获得的信息能对人产生更大的影响。实验发现，在个人印象形成的过程中，当不断的足够引人注意的新信息，或者原来的印象已经被淡忘时，新近获得的信息的作用就会较大，就会发生近因效应。个性特点也会影响近因效应的发生。对于个人来说，其心理上的开放、灵活的人更容易受近因效应的影响。

实验延伸：“近视”容易“错判”

近因效应主要指的是最后形成的印象或刺激在人的脑海里占据了主体地位，铺天盖地地掩盖了以前所有的印象。与心理学上首因效应不同的是，它不是在陌生人之间起作用，而是在熟人之间起作用。在较为相熟的情侣之间，最近的印象直接影响着他们对爱情的判断。比如近期一方行为反常，会给另一方造成极为恶劣的印象，以致以前一贯的良好表现都被通通忽略了，而后期的刻板形象反而不断得到强化。这就是为什么一句气话就能伤了多年的感情、一次歇斯底里的发泄就能毁掉一段姻缘的原因所在了。

近因效应会把人变成近视眼，使你只能看到离自己最近的东西，让你对人或事物出现明显的误判。通常情况下，认知结构简单的人更容易受近因效应影响，这类人更倾向于通过近期的表现来评价别人，常常爱犯以偏概全的错误，当然他们意识不到问题出现在自己身上，第一反应就是对方变了，变成了一个自己不认识的陌生人，因此感到极度失望和痛苦，恨不能立即和昔日的爱人划清界限，结果导致两个人不欢而散。

肯尼迪遗孀杰奎琳下嫁希腊船王奥那西斯的消息一经刊出，美国举国哗然，民众不能理解这个年轻貌美、时尚的总统夫人为什么要委身嫁给一个个头矮小、面相苍老的富商，有人认为她是为了钱才这么做的，有人说她是想借助他的屏障保护好自己的一双儿女，但杰奎琳的好友却坚信他们是因为彼此相爱才最终走到一起的。

奥那西斯尽管没有迷人的外表，但谈吐幽默，富有独特的魅力，很会讨女人欢心。寡居中的杰奎琳孤独、绝望，急需展开一段新恋情来为自己疗伤。这时候奥那西斯出现了。他们在一艘华美的大船上相遇，她是那么美艳和高贵，简直就像从画中走出来一样。而他则是一个风趣的绅士，用他那独有的地中海式的幽默打开了她的心扉。命运让他们相遇了，相爱了，奥那西斯没有怀疑过她爱自己的动机，也没有怀疑过自己的个人魅力，尽管世人认为他们两个根本就不般配。

两个人的婚礼是在奥那西斯私人岛屿上的一个小教堂里举行的，当时来自75个国家的贵宾见证了他们的结合。不过这场婚姻并没能给他们带来幸福。奥那西斯忽然觉得他心目中的女神爱金钱多过爱自己，毕竟他不是一般人物，而是那种只要他愿意就能把爱琴海上的任何一座岛屿随手赠送给心爱女人的男人，他富可敌国，这是不争的事实，难道她对自己的财富就一点不动心吗？杰奎琳对奥那西斯也感到分外失望，她不明白之前那个自信迷人的男人怎么了，为什么一下子就变成了一个只会谈钱的俗不可耐的老男人。是她对他不够了解，还是他婚前婚后判若两人？

在奥那西斯眼里，杰奎琳不再美丽和高贵，而是变成了一个处心积虑嫁入豪门的虚荣女人。杰奎琳对奥那西斯也感到不屑，把他看成了一副散发着铜臭味的皮囊。就这样两个人感情破裂了，他们全然忘记了以前曾有过的温存以及昔日的一段幸福时光，也不想回顾自己是如何被对方吸引，如何不顾外界反对执着地走到了一起。为此他们都深感痛苦，尽管仍然生活在一起，但这桩婚姻实际上已经名存实亡了。

奥那西斯渐渐地衰老了，他后悔娶了一个美貌的娇妻，有一天他孤独地待在私人飞机里，心事重重地拟写遗嘱，心想他决不会把个人财产的四分之一留给杰奎琳继承，即便希腊法律规定遗孀有继承亡夫同等数额财产的权利。到了晚年，他尽量避开杰奎琳，夜里辗转反侧难以成眠时，就一个人在小岛上散步，后面跟着一只不知从哪里捡来的流浪狗。他想只有这只孤零零的小狗可以陪伴自己度过最后的岁月了。奥那西斯去世前做的最后一件事情就是抓紧时间跟杰奎琳离婚，他想以最小的经济代价处理掉这桩错误的婚姻。如此决绝的态度让杰奎琳伤透了心，所谓的恨比死冷也莫过于此吧。

在受到近因效应影响时，先不要当机立断做出决定，给自己一点时间，回顾对方的优点，回放过去美好的回忆，也给对方一点冷静的时间，让双方都各自整理一下思绪。不要因为对方近期“某一次”表现让你不满意，就对对方进行全盘否定，要知道没有人可以每时每刻都表现得十全十美，每个人都有失误的时候，学会宽容和谅解别人，以理性思维重新审视这段感情，这样你才不会轻易失去自己曾经最为珍视的人。

很多人会把近因效应解读成对人性的最终认识，以为它百分百符合“日久见人心”的常识。事实上却并非如此。别人近期的行为和你近期的感受不过只是一个片段而已，它不能取代你们交往的整个过程，不要轻易被自己的主观臆断蒙蔽了双眼，你眼中看到的、内心感受到的未必是真相。

男女心理差别实验：火星人与金星人的“较量”

实验结果：男人与女人产生矛盾，很多因为心理差别导致沟通不畅造成的。

实验过程：男性的结果导向型思维与女性的过程导向型思维

心理学家们曾经做过一个关于男女心理差别成因方面的实验，首先，找来一个十个月大的婴儿，然后给婴儿穿上粉红色的衣服，并请第一名志愿者陪同婴儿一起进入一间放满各种玩具的房间，心理学家会告诉志愿者：“这孩子叫莉莉，现在我有事需要出去一会儿，请你帮我照顾一下她。”

这时，心理学家到另一个房间，透过监视器观察志愿者照顾孩子的情形。志愿者会根据孩子的性别，在满屋子的玩具中，挑选芭比娃娃、毛绒玩具一类的适合女孩玩的玩具来逗孩子，同时对婴儿说：“莉莉，你好漂亮哦，长大一定会迷死所有的男生。一定要变成一个温柔的女孩子，才能讨人喜欢哟！”

接着，心理学家会把同一个婴儿换上一套蓝色的男孩衣服，然后交给后来的志愿者，并托付说：“这孩子叫小军，现在我有事需要出去一会儿，请帮我照顾他一下。”

结果发现，大多数志愿者往往会选择飞机大炮或者变形金刚一类适合男孩子玩的玩具，同时他们会对孩子说：“小军，你将来要做一个坚强的男子汉，不可以哭哟！你长大了一定会很勇敢、很健壮，要好好保护女孩子，知道吗？”

由以上的实验我们可以知道，由于男人从小就被教育要坚强、勇敢、有能力，所以他们学到的最重要的两个词语就是“有能力”与“有成就”，在做事的时候，往往喜欢结果导向型的思维方式。而女人从小被灌输的自我价值观却是要“讨人喜欢”“受欢迎”，所以他们往往是过程导向型的思维方式。

长大后，当与人发生利益冲突的时候，女人往往喜欢抱怨、倾诉，以此来博得对方的安慰与同情。而男人往往一开口就是要“展现能力，解决问题”，所以，很难与需要倾听心情、给予支持的女人进行沟通。男性的理性以及女性的感性，往往造成了两性之间沟通上的重大障碍，这也是导致在感情生活中，男女经常产生因为沟通不畅而产生分歧、争吵、矛盾的主要原因。

实验延伸：男女沟通不畅，多数情况下是由于不同的思维方式造成的

下班回家的小玲，一进门就哭丧着脸对老公说：“我今天真倒霉，早上等公交等了好久都没有车，好不容易来了一辆，结果又碰上堵车，足足堵了一个钟头我才到公司。本来迟到就已经很受打击了，结果一进办公室，就被坐在门口的小美瞪了一眼。平时我们两个关系还不错的，我就心想，奇怪，她怎么了？后来我到财务部去送发票，结果又碰到小美也在那里，我和她打招呼，她不但不理我，还头也不回地走掉了。我就觉得这其中肯定有事情，她一定是误会我了。可是我想了一下午也想不通，她到底为什么生我的气？快下班开例会的时候，我看见小美和几个同事讨论新案子，趁着她高兴，我赶紧也加进去，想顺便问问她为什么生我的气，然后解释一下。结果她一看见我就又不说话了，我实在不知道到底自己哪里得罪她了。”

这时候，小玲的老公在一边听了半天，满头雾水。他实在忍不住，就插嘴问道：“亲爱的，你到底想说什么？”

小玲说：“别吵！我还没说完！小美搞得我一天心里都不舒服，又

不知道怎么回事。后来还是坐我旁边的小陈告诉了我其中的原因，原来昨晚我和几个同事去唱歌，我忘了告诉小美，结果她今天知道了，就生气了。你说这个人是不是莫名其妙？昨天大家提议去唱歌的时候，她又不在办公室，所以我当然就没告诉她了，现在她又一个人生闷气，也不告诉我原因，这怎么能怪我呢？”

小玲的老公听到这里，总算明白了自己的妻子为什么抱怨，于是他赶紧安慰说：“哎呀，这种小误会，你又何必太在意呢？想开点，过两天你跟她说清楚就好了！”

此时小玲却给老公一个大白眼，生气地说道：“你根本没用心在听我说话嘛！”

相信小玲男友的情况正是困扰着每一个男人的难题：女人常常怪我们不用心听她们说话，可是，每次一开头我们都会很用心听她说什么。而每次都是女人的话实在太没重点，一会儿抱怨工作，一会儿又说自己痛苦，东拉西扯，真不知她们到底想说什么。于是，男人因为这种“根本不知道对方在说些什么”的情绪而大受打击，干脆开始直接发问：“你到底在说什么？”

对于喜欢倾诉、希望自己被倾听的女人来说，这种发问无疑是一种挑衅，她们只会觉得男人根本没把自己的话听进去，因而十分生气。这就是两性沟通习惯不同所造成的情感问题。

那么，两性之间既然存在着截然不同的思考与行为方式，在沟通的时候，究竟采取怎样的方式才能克服这种差异，达到顺畅的沟通呢？下面是一些两性沟通的原则和技巧，希望可以对不知如何向自己的爱人表达的朋友有所帮助。

首先，应该学会做一个专注的倾听者，尤其是男人。学会听话，是沟通中最重要的一件事，比如，通过一些肢体动作和目光接触等让对方知道你正在仔细倾听她说话。如果我们一边倾听，一边用微笑、点头、摇头、蹙眉等适当肢体动作，表达我们的专注，让对方感到自己正在被注意，就可以促使对方更愿意表达他心中更多的想法。如果我们在听对方讲话时总是做一些无谓的动作，比如摆弄手中的钢笔、纸条，或者咬指甲、看时间等，就会让对方因为感觉缺乏尊重而给沟通带来障碍。

除了肢体动作之外，我们还可以通过语音来表达我们的专注，比如就一些问题提问，或者用自己的方式重新陈述对方讲话的内容与情绪，以此来弄清楚我们是不是真的了解对方所要表达的意思。同时，我们还可以表达自己内心的想法与感受，告诉对方我们是如何看待她的处境的，以此来表达我们的同情和关心。

当然，倾听的重点还是在“听”上，所以，我们应该尽量以旁观者的态度，不要干扰对方的陈述，让她痛快地宣泄自己的内心感受。

其次，在沟通的时候要真诚。不论是提出我们的意见还是向对方表达我们的想法，我们必须要真实地说出自己内心的语言。真诚沟通在很多男女之间，并非易事。因为他们有时候担心自己的真诚最终会影响彼此之间的感情，所以不敢表达自己真正的想法。但是，将冲突问题藏在心里，用生闷气或者冷战的方式来表达自己的情绪，只会让对方感到紧张和不知所措。最后，使双方的关系日渐僵化，问题也愈演愈烈，最终走向绝望的边缘。

其实，只要我们拿出足够的诚意，用对方的思维方式表达出自己真正的想法与感受，相信真正的爱人不但不会生气，反而会因为我们的坦诚而给我们的感情加分。

最后，就是在表达的时候要学会换位思考，从对方的角度去表达我们的想法。通过前面的论述，我们已经了解了两性沟通方式的差异性。那么，为了避免因为对方无法接受我们的想法而产生的失望与挫折感，我们究竟应该怎样表达呢？

一般而言，男人的思维习惯是结果导向的，所以，当我们向一个男人表达自己的想法时，最好先讲“结果”。比如前面例子中的小玲，可以一开始就对自己的男友说：“今天小美因为误会我故意不找她去玩，而没给我好脸色，搞得我一天心情都很不好。”这样，他的男友就可以知道问题的所在，也就可以很快抓住重点，条分缕析地帮她找出解决问题的办法，或者给予必要的安慰。

而女人的思维习惯则是过程导向的，所以他们在表达自己的想法时习惯于强调“过程”，凡事从头说起，最后才归纳出事情的结果和原因。所以，男人就应该有耐心听女人把事情的经过滴水不漏地说完，仔细地了解她们的心路历程、情感及思考过程，并跟她进行全程分享。这样一来，女人就会得到情绪的疏解，彼此的关系也会更加密切。如果男人一味地把自己的思考重点放在赶快解决问题上，那么就会让女人觉得你没有在专心听她们讲话，最后造成沟通的障碍。

很多时候，两性间的沟通问题，通常并不是谁对谁错的问题，而是因为金星人和火星人在沟通模式上的差异，造成了不必要的误解。如果我们在情感生活中能经常善意地提醒对方，那么沟通起来就会心有灵犀。此外，两性的沟通技巧还应该包括学习管理自己情绪，以及化解冲突的技巧等。如果我们可以用幽默的方式化解掉双方间的冲突，以真诚、平等和尊重来对待自己的爱人，同时用他们的思维方式来表达自己的想法，那么自然能够达成良好的沟通效果，让彼此的关系更加牢固。

吸引力实验：好看的外表价值百万

实验结果： 情人眼里不一定出西施。

实验过程： 与有趣的灵魂相比，好看的皮囊更容易赢得他人青睐

有一句话是说“好看的皮囊千篇一律，有趣的灵魂万里挑一!”说的是，人不要贪图外表的美丽，而内在的有趣才是判断一个是否有魅力的标准。但实际上，在不同的文化中，人们都认可外在美。你认为某人有吸引力的倾向甚至可以归结为数学社交公式。我们发现，当一个人的身体比例符合特定的比例时，他们往往会被许多人视为是有吸引力的。美丽的人周围似乎也有一种光环。也就是说，我们经常假设一个漂亮的人有其他令人向往的品质，比如，诚实、勇敢和乐于助人。在 20 世纪 70 年代初，凯伦·迪翁、艾伦·伯切德和伊莱恩·沃尔斯特率先进行了这一项吸引力实验研究。

实验过程是这样的：迪翁与她的同事们收集了 100 张年鉴照片给大学生们看，并让他们给照片中每个人的魅力打分。研究中使用的照片都是那些被给予很高（有吸引力的人）、一般（吸引力在平均水平）或很低（没有吸引力的人）评分的照片。然后，研究人员让另一组学生看这组被选中的照片。那一组被问及照片中的人可能具有的其他品质，如可信度、善良、利他主义和友好，其结果并不令人意外，有吸引力的人被认为具有各种积极的品质。这个实验告诉我们，与内在有趣的灵魂相比，好看的皮囊更容易赢得他人的青睐，会更容易被认定为具有积极的品质。

实验延伸： 你的形象价值百万

在快节奏的生活中，人与人之间缺乏必要的沟通和交流，人们在对他人的内在不甚了解的时候，就会注重关注他人的外在。所以，很多时候，我们生活在一个颜值当道的现实中，这是难以逃避的现实。正如上述心理学实验中表现出的那样，美丽的人被认为具有许多美好的品质。所以，生活中，对于我们个人来说，一定要在注重内在美好品质修炼的同时，还要注重外在的形象气质。

有一句话是说，你的形象价值百万，说的就是个人外在形象对提升个人魅力、赢得他人信赖感的重要作用。

有这样一个故事：一位经理带助理去人才市场招聘，只见总经理把一个满脸痘痘的、没有任何修饰的女孩儿直接否定掉。助理不解地问道："这个女孩的学历、谈吐、知识都还可以，莫非您也是外貌协会的？"老总则回答说："巴掌大的脸都管不好，不愿意花心思，公司的事儿交给她我能放心吗？"

这则故事告诉我们，形象永远走在能力的前面。正如杨澜所说："别人没有义务通过你随意邋遢的外表发现你优秀的内在。一个人的内在固然重要，但我们也要认识到，一个人的名字，是一个品牌；一个人的形象，是一张名片。干净整洁的外表、得体的衣着也是对他人的尊重，也是自我成熟的表现。

再者，当今的社会是一个全方位竞争的社会，不只是要比努力、智慧，还要比气质风度和外貌形象。在人人都想提高自身价值的时代，有能力和实力的人确实有很多，但在大众能力都平分秋色的情况下，谁的形象好，谁就更容易赢得他人的青睐，那他成功的可能性及获得财富的概率就会大一些。

那么，在生活中，我们应如何提升自己的外在形象呢？

其一，要明白的一点，良好的个人形象离不开衣着的修饰。正所谓"人靠衣装，马靠鞍"，得体的着装、恰当的仪表修饰会给人带来视觉上的享受，让对方感到愉快，而人又最喜欢那些让自己感到愉快的人，因此，穿着的修饰是必不可少的。这就是为什么人们对一个头发杂乱、衣着不整、眼神散漫的人不会产生好感的原因。正如法国巴黎著名的形象设计师萨克拉斯说："我们对他人的最初印象是从对方的体貌服饰上获得，而对人物内在的素质美，则是需要时间来发现的。所以，从外表来看，体貌和服饰是我们不得不注意的细节。"

其二，要注重修炼自身的气质，即便你穿得再好也会给人穿上龙袍不像太子的感觉。因此，在打造自己良好的形象中，气质的塑造也是极为重要的。我们知道，优雅的气质并不是与生俱来的，而是后天培养的结果。一个气质卓越的人，往往是内敛的、稳重的、幽默的，而这些特质能够赢得他人的更多尊重和认同。

其三，注重个人谈吐。成熟的个性、幽默的谈吐也是个人形象的重要组成部分。在幽默的谈吐中，体现出来的是一个人的智慧，是一种让人信服的魅力。

此外，良好的形象也离不开良好的习惯，他人往往能够从你的习惯中判断你的修养。比如，一个不停抖动双腿的人是很难赢得他人好感的。

总之，形象是一个人的招牌，为了让自己拥有更多的成功和财富的机会，不妨对这个"招牌"进行一下投资，它会为你招揽更多的机会。

男性养狗实验：女性的“择偶策略”

实验结果： 女性总对“养狗”的男性青睐有加。

实验过程： 养狗在提升男人魅力的同时会减弱渣男只会采取短期交往策略的印象

在生活中，为何某人会让你产生浪漫的感觉？我们倾向于认为我们对另一个人的兴趣与他们的长相或者性格有关，至少一开始是如此。然而，一些社会心理学家的观点可能显得相当直接，他们对神秘的爱情和吸引力的研究表明，这些神奇的感觉往往会因为一个相当残酷的事实——女性怀孕而渐渐地消散。我们也知道，照顾婴儿需要付出大量的心血。当一个女人怀孕的时候，她必须要随身携带这个小家伙大约 9 个月的时间，然后她必须喂养他，他还需要一年左右的时间才能学会走路，而且需要 18 年的时间才能“离开鸟巢”。简而言之，性行为有怀孕的风险，生孩子还需要投入很大的精力。所以，女性在选择伴侣上比男性要谨慎得多，她需要找一个能长期留下来帮忙照顾孩子的人。

当然，事情并不一定是这样。女性是感性动物，她们总是希望与头脑中幻想出来的潜在的伴侣生孩子，所以她们的“择偶策略”极难预测。但这并没有阻止心理学家们去预测它！为此心理学家西格尔·蒂夫雷特、丹尼尔·J. 克鲁格、奥莉·巴尔一列维和泥尼·泽勒等几位心理学家针对这一心理课题进行了研究。

在生活中，养狗的单身男士更容易获得女性的青睐。拥有一只狗对其他人来说意味着什么？众所周知，狗比猫更需要照顾。那么，如果一个单身男子养了一只狗，这是否意味着他有能力维持其他长期的关系呢？心理学家蒂夫雷特与她的同事们决定找出养狗的男性会对女性的感知产生什么影响。但他们也考虑到这样一个事实：女性有时候是在寻找一个能够成为“好爸爸”的男性，但有时她们只是在寻找一段短期关系。

这是他们在聪明的研究中所做的：他们向女性展示了一名男子遛狗或不遛狗的照片，他们还用一段很短的文字描述了这样的男人，这样一来，他要么被认为是优秀的“爸爸”候选人，要么就是一个“渣男”。如果你不熟悉“渣男”这个词，你可以用它来形容这样一类男子：他们通常单身、自由奔放、喜欢随意的关系但绝对不是当爸爸的料。

所以他们发现了什么？不出所料，一个被描述为具有“父亲”特质的男人对想建立长期关系的女性有吸引力，他是否遛狗并不重要。一般来说，人们并不认为“渣男”对想建立一段长期关系的女性有吸引力，但事实证明，关于在公园遛狗的建议是正确的：如果他遛狗，他的吸引力会上升。这只狗确实是一个信号，它表明即便一个看起来像“渣男”的人也有可能维持长期的关系。

实验延伸：婚姻的维系靠互相的包容与责任

对于一个女人来说，其一生中最大的决定就是选择怎样的人作伴侣。女性在择偶时，往往会因深陷爱情之中而选择嫁给别人。但很多时候，爱情只是一时荷尔蒙的荡漾，真正维系婚姻的是夫妻相互间的包容与责任。

林菲和老公是多年的夫妻，自孩子出生后，与老公之间的矛盾日渐增多，家里经常大战，又和解。都说孩子是夫妻爱情的结晶，也是夫妻间关系的黏合剂。实际上，很多时候夫妻间正是因为有了孩子，矛盾会与日俱增。

夫妻俩没有孩子的时候，可以恩爱如蜜，因为习惯了两个人的生活，突然生活中多出来一个小孩，而且小孩需要人照顾，那维系两人关系的天平便容易被打破。小家处于风雨飘摇中，感觉就是加根稻草都会倾塌。

两个人都需要调整，如果调整好了，可能可以适应过来，否则，真的一地鸡毛。很多人坚持不过去，于是便分道扬镳了，这本没有错。而那些还在继续坚持，相互磨合，适应的人才是真正难得的。

朋友问林菲，既然经常闹，感到不合适，为什么不分开？林菲说，她自己感到身心俱疲，她曾经也问过老公："我们为什么闹成这样了，还不离婚？我们还有爱情吗？爱情在哪里？"

老公反问："你就那么想离婚？"之后，沉默了片刻，回答："当然有爱情，爱情就是责任。"

听到答案，林菲沉默了。这么多年来，她任性地自由发展，无拘无束。而老公在身后默默地支撑。她从未想过，也许他也会累。特别是林菲的父母有时候也挑剔她。

林菲突然觉得自己确实很自私，很多时候，看问题是从自己角度出发。虽然有时也会站在老公的角度，可是，她从来也没想过老公的辛苦。

林菲说："虽然想过离婚，可是，每一次老公劝几句也就算了。想到这么多年来，自己为了老公付出的一切，还是有些割舍不下，所以，我还是没走。虽然，每一次我都心如刀绞。"

的确，爱情的甜蜜毕竟是短暂的，真正能让夫妻关系长久的是责任和包容。所以，我们必须要承认，当你想知道你的伴侣是否就是适合维系长期关系的人时，与伟大的情感共存的是你对自己的潜在伴侣的考量：未来是否会履行婚姻生活当中每天都需要面对的义务，包括洗碗、照顾孩子、坚持做一份工作等。养狗就像一个暗号一样，它表明男性有能力认真地维系一段感情。

颜色实验：让人更具有吸引力的红色

实验结果：红色能增强女性对男性的吸引力。

实验过程：红色更能彰显人的魅力

在现实生活中，红色似乎有着极强的诱惑力，很多男性似乎总会对穿着红色衣服的女人青睐有加。我们都希望自己是有魅力的，尤其是在恋爱的时候。我们知道颜色对吸引力的影响，比如，红色代表“热”，而蓝色代表“冷”。用红色来吸引男性的观点有着悠久的历史：红色口红和胭脂在古埃及就被女性使用。当你坠入爱河或两个人在调情时，你的脸会发生怎样的变化？在古代神话和民间传说中，红色经常以激情、欲望和生育的象征出现。在人类学家所知的一些早期宗教仪式中，赭红石被用于对女性的脸部和身体进行彩绘，象征着生育能力。这些都有什么科学依据呢？看一看心理学研究者对红色的研究吧！

心理学家安德鲁·J. 埃利奥特和丹妮埃拉·涅斯塔曾进行了一场关于颜色的实验，他们首先收集了一些漂亮女性的照片。研究人员在进行与吸引力相关的研究时，总是在寻找一点“个性化解读的余地”，所以他们不找像电影明星那样特别美丽的女人的照片，而是想找一些任何人都会在 10 分制的前提下给出 7 分左右的女性照片。想找到合适的照片，你需要做的就是拿很多照片给人们看，直到你找到一张很多人都一致给 7 分的为止（研究人员使用了一张女性的照片，她在 9 分制中得到了 6.8 分）。

他们制作了一张特定尺寸的图像，并将其居中放在一张特定尺寸的纸上面。起初，他们使用了颜色不同的纸。其中一组看到“比较有魅力的成年女性”的照片被贴在了一张红色的纸上，而另一组看到的照片则是在哑光白色背景的中央。

果然，男性对他们在红纸上看到的女性给出的吸引力评分为 7.4 分左右，而对白背景的女性给出的评分为 6.4 分左右。有趣的是，无论背景颜色如何，女性被试对吸引力的评估并没有显著的差异。研究人员还要求被试者填写量表，以衡量他们认为在红纸上看到的女性是更聪明还是更善良。他们没有发现被红色或白色包围的女性在这方面的评分会有什么不同。

埃利奥特和涅斯塔还用修图软件修改了一张富有魅力（中等水平）的女性在照片中所穿着的衬衫的颜色。当这名女性穿着一件红色的衬衫时，她再次被认为比穿蓝色衬衫更有吸引力。这个实验告诉我们，与其他颜色相比，红色更有吸引力，穿红色衣服的女性更容易让异性心动。

实验延伸：生活中“红色”的妙用

红色是所有可见光谱中，光波最长的暖色调，能够给人以积极、扩张的感觉。因此，红色对人眼睛的刺激最为显著，也最能使人产生心理共鸣。在生活中，人们也常常通过对红色的运用，来影响别人的心理，从而更好地达成目的。

在生活中利用红色，可以在竞技场上取得更好的成绩。比赛中经常有人穿着红色的衣服，这不仅仅是为了使自己显眼，其中还有着科学的依据。

英国达拉姆大学的研究人员曾经做过一个统计实验，对拳击、跆拳道和摔跤等竞技项目中的参赛人员做了调查研究。通过研究他们发现，不论是哪一类比赛项目，穿红色衣服的运动员，总体成绩总是胜过穿蓝色衣服的运动员。即使是在实力相当的两个对手，穿红色衣服的运动员也总是更容易取得胜利。

在竞技运动中，红色由于能够给人带来积极、正面的暗示，因此能够提高人的运动能力和竞争意识。不仅如此，由于红色是扩张性的色彩，它还能够给他人带来极强的心理压迫感。也因如此，室外的塑胶跑道也大多采用红色，因为红色最能刺激人体神经和肌肉，使人产生兴奋和冲动的情绪，从而使选手能够最快地进入最佳比赛状态。

在日本历史上，曾出现过两位著名的剑客，宫本武藏与佐佐木小次郎。二者在当时并称于世，最后更在严流岛举行了一场决斗，争夺第一剑客的称号。在这场决斗中，小次郎也是利用了红色。

严流岛的决斗时间是小次郎决定的，时间定在了上午八点，这时候的太阳早已升起，小次郎故意穿上了一件腥红色的马甲，为的就是站立在面朝太阳升起的地方，利用阳光来加强红色的刺激效果，给背对着阳光、迎面而来的宫本武藏，造成视觉上和心理上的更大压迫。虽然最后还是败在了宫本武藏的刀下，但事后武藏想起小次郎的战术，仍然是啧啧称赞。

红色能够代表喜庆，因此那些欢乐的场合通常都会用红色来装饰，来使现场的气氛更加热烈、欢乐。在穿衣打扮时选择红色，也同样能够使自己更加吸引人的目光，更加受到欢迎。但如果是在交流正事，如协商或者谈判的时候，红色就不是那么合适了，因为红色往往给人以逼迫的强势感觉。对于火爆的场面来说，红色就更是一剂催化情绪失控的激素了。

说起西班牙斗牛，人们脑海中都会闪过穿着华丽服饰、英姿飒爽的斗牛士身影。每当斗牛士进入场中之后，都会一手挥着红色的长布，一手持着锐利的长剑，向公牛发起挑衅。等公牛被激怒并发起攻击后，斗牛士便会依靠灵活的动作躲开公牛的各种袭击，最后用剑将牛击败。

由于斗牛士总是使用红布，人们都以为红色可以激起牛的怒气。但根据研究，原来这只是一种谬误。真正使牛情绪波动的，并不是红色本身的色彩，而是红色的亮度更高。因此斗牛场上的斗牛士往往还要穿得全身闪亮，这也是为了吸引牛的目光。也正因如此，他们常常要大幅度地挥舞着红布才能使牛亢奋。不仅如此，这种做法同时也可以调动观众的狂热情绪，使场内的气氛更加热烈。

也正因为红色过于热烈，在生活的某些方面，人们也会选择避开。装修房屋，是现代人最为上心的事情之一，各种繁复的色彩搭配风格，常常令人目不暇接。但很少有人会选择以红色作为装修的主色调，因为红色给人的感觉太过大胆、强烈。家是我们每个人享受平静生活的港湾，而过于热烈的色彩会让人难以平静。当然也有例外——快餐店的装修就经常使用红色，这也是大有门道的。

曾经有学者做过一个实验，让两批人分别进入红色装修和蓝色装修的屋子，让他们在没有任何计时器的情况下，在屋子里待一个小时再出来。结果，到了 40—50 分钟的时候，红色屋子的人就走了出来。而蓝色屋子的人直到 70 分钟还没有动静。这是由于红色更容易使人觉得时间过得快。

快餐店出于招揽更多客人、获取更多盈利的目的，便巧妙地利用了这一点，使顾客产生时间不等人的想法。另外，红色也是最能开胃的色彩之一，利用红色，便能使顾客更加愿意“慷慨解囊”。

幽默实验：让人产生优越感的人更受欢迎

实验结果：人们往往喜欢能让自己获得优越感的人。

实验过程：别人摔倒会比自己摔倒更有趣

你是否曾经讲过一个你认为很好笑的笑话却根本没有笑？或者他们给你回了“礼貌的笑声”，但你知道他们真的不觉得好笑？有没有一个能让人人都感到很好笑的笑话？事实证明，确实存在这样的笑话，95%的人在听到这个笑话后都会笑。接下来，你将了解这个笑话是什么，并会了解哪些笑话对你来说比其他笑话更有趣。

在 2001 年，心理学家理查德·怀斯曼便有了一个好主意：为什么我们不建立一个网站，让人们可以很容易地提高他们认为是他们听过的最有趣的笑话，然后让每个人投票，直到我们选出世界上最有趣的笑话为止呢？这会给我们提供一个巨大的笑语数据库，这也将帮助我们了解为什么有些笑话基本上总是非常奏效，而其他的就不会。在收到四万多个笑话后，怀斯曼和他的同事们在 1～5 分制（他们称之为“笑量计”）中给笑话打分，评选出的分数最高的笑语便是：

几个新泽西猎人在森林中打猎，其中一个猎人跌倒在地。他似乎没有了呼吸，他的眼球向上翻着。同伴看到这种情况，拿起手机，给急救中心打电话。他惊慌地对值班员叫道：我的朋友死了！我怎么办？

值班员温和地说：不要紧张，别着急，我来帮助您。可是您得让我们相信，他确确实实死了。

一片寂静……接着传来一声枪响。猎人又拿起电话，说：“好了，接下来怎么办？”

看完这个笑话，你的脸上应有了一丝笑。那么它为何如此有趣呢？怀斯曼说，这个笑话是综合了所有有趣笑话的核心组成部分的一个典型案例：它让我们感觉自己比其他人优越。这并不是人类最令人钦佩的地方，但是这让我们不得不承认：别人摔倒会比我们自己摔倒更有趣。这个笑话能让我们的自我感觉更好一些。这个实验告诉我们：让人获得优越感，是受欢迎的一个重要前提之一。

实验延伸：从对方最得意的地方说起

被人尊重、重视是人的天性需求之一。一个能给人带来优越感的笑话，比去故意压低别人的笑话更会受人欢迎。这也给我们平时的交际以这样的启示：无论在怎样的场合，都不要去压低别人，懂得时刻给人优越感。而要让人产生优越感，一个最常用的办法就是，在见面时，要主动去提及对方得意的话题。

对此，卡耐基曾经说过这样一段话：“在去钓鱼的时候，你会选择什么当鱼饵？即使你自己喜欢吃起司，但将起司放在鱼竿前端也钓不起半条鱼。所以，即使你很不情愿，也不得不用鱼喜欢吃的东西来做鱼饵。”我们在和人说话的时候也是如此，不管你有多么独到的见解，或是口才如何好，如果你讲的不是对方最感兴趣和最得意的话题，你说得再多也是白费力气。

美国著名的柯达公司创始人伊斯曼，捐赠巨款在罗彻斯特建造了一座音乐堂、一座纪念馆和一座戏院。为承接这批建筑物内的座椅，许多制造商展开了激烈的竞争。在众多商人败兴而归的时候，“优美座位公司”的经理亚当森，前来会见伊斯曼，希望能够得到这笔价值 9 万美元的生意。

亚当森被引进伊斯曼的办公室后，看见伊斯曼正埋头处理桌上的一堆文件，于是静静地站在那里仔细地打量起这间办公室来。过了一会儿，伊斯曼抬起头来，发现了亚当森，便问道：“先生有何见教？”

亚当森说："伊斯曼先生，我本人长期从事室内的木工装修，但从来没见过装修得这么精致的办公室。"伊斯曼回答说："哎呀！这间办公室是我亲自设计的，当初刚建好的时候，我喜欢极了。但是后来一忙，一连几个星期我都没有仔细欣赏一下这个房间。"亚当森走到墙边，用手在墙板上一擦，说："我想这是英国橡木，是不是？意大利的橡木质地不是这样的。""是的，"伊斯曼高兴地站起身来回答说，"那是从英国进口的橡木，是我的一位专门研究装饰橡木的朋友专程去英国为我订的货。"

……

亚当森和伊斯曼一直谈到中午。伊斯曼对亚当森说："上次我在日本买了几张椅子，放在我家的走廊里，由于日晒，都脱了漆。昨天我上街买了油漆，打算把它们重新油漆好。您有兴趣看看我的油漆表演吗？好了，到我家里和我一起吃午饭，再尝尝我的手艺。"

午饭以后，伊斯曼看着亲手漆好的椅子深感自豪。直到亚当森告别的时候，两人都未谈及生意。最后，亚当森不但得到了大批的订单，而且和伊斯曼结下了终身的友谊。

每一个人都有自认为得意的事情，这事情的本身，究竟有多大价值，是另一回事，而在他本人看来，却认为是一件值得终身纪念的事。你如果能预先打听清楚，在有意无意之间，很自然地讲到他得意的事情，只要他对你没有厌恶的情绪，只要他目前没有其他不如意的刺激，在情绪正常的情况下，他一定高兴听你说的话。

有一位业务员去一家公司销售电脑的时候，偶然看到这位公司老总的书架上摆放着几本关于金融投资方面的书。刚好这名业务员对于金融投资比较感兴趣，所以，就和这位老总聊起了投资的话题。结果两个人聊得热火朝天，从股票聊到外汇，从保险聊到期货，聊人民币的升值，聊最佳的投资模式，结果，聊得都忘记了时间。

直到中午的时候，这位老总才突然想起来，问这名业务员："你销售的那个产品怎么样?"这名业务员立即抓住机会给他做了介绍，老总听完之后就说："好的，没问题，咱们就签合同吧!"

人与人沟通，很难在一开始就产生共鸣。当我们试图说服别人，或对别人有所求的时候，最好从对方感兴趣的话题说起，不要太早表露自己的意图，让对方一步步地赞同你的想法，当对方深入了解你之后，便会不自觉地认同你的观点。

当然，你在说的时候还要注意技巧，表示敬佩，但不要过分推崇，否则反而会引起别人的不安。对于事情的关键点，要慎重提出，加以正反两方面的阐述，使得他认为你是他的知己。你一面听，一面说几句表示赞赏认可的话，即使他是个冷静的人，也会变得和蔼可亲，然后你利用这个机会，稍稍暗示你的意思，这样谈下去的结果自然是皆大欢喜。

电车难题实验：良知，人性夜空中最亮的星

实验结果：很多时候，让我们感到难过的，是内心的良知。

实验过程：良知，是人性夜空中最亮的星

这个实验最早是由哈佛大学教授桑德尔在《正义》课中所讲，然后爆火网络。桑德尔介绍了两个版本的"电车难题"人，分别如下：

第一个版本：

现在请想象一下，有一辆有轨电车在前行中失控，司机没法让电车停下来，但可以让电车转向。轨道前方有 5 名工人还在施工，若是听任电车前行，这五名工人都要被撞死。为了避免这一惨烈的事故，唯一的方法就是司机将电车转向另一条轨道，但这条轨道的前方也有 1 名工人

正在施工，电车转向的后果是此人必被撞死无疑。那么，如果你是司机，你会怎么做？

实验的结果是，绝大多数人会选择将电车转向，以牺牲1个人为代价拯救5个人。而且，在思想实验中，人们给出的理由也很有意思。有人说，我也不知道究竟怎么做，也许只有天知晓；有的人说，反正就这几个人跟我没什么关系，如果能给我什么好处，我就去做；而大部分人则会计算一下，牺牲1个人可以救5个人，这个账划算，5个人的生命，怎么也比一个人的生命价值要大，那我应该按开关。

第二个版本：

现在请想象一下，同样是一辆有轨电车失控，轨道前方有5名铁路工人正在施工，如果听任电车前行的后果，就是5名工人全被撞死。不同的是，电车没有其他轨道可以转向，司机已无力回避这一惨烈事故。但此时，有个人恰好在轨道上方的天桥上看风景，他目睹并完全理解了即将发生的悲剧，并且他还知道，只要把身边的一个人从桥上推下去，就能拦住电车前行，拯救这5名工人，尽管被推下去的那个人必死无疑。

那么问题来了，如果你就是站在桥上看风景的人，你会怎么做呢？

实验结果是，绝大部分人的选择是不推。而且，在第二个版本实验中，人们的解释就更有意思：有人说，让自己亲手杀人，自己实在下不去手，不管有多少人要救，自己也不能亲手去杀一个无辜的人；有人说，如果推下去的那个人跟自己不熟，没什么关系才行，如果是自己朋友就不行；有人说，如果推下去的那个人，本身就是一个罪大恶极的人，那我就推，反正他死有余辜，如果是个好人，那就不行；有人说，如果我把那个人推下去了，万一人家家人来找我寻仇怎么办；有人说，我也不知道自己要不要推，反正等火车开过来的那一刻，我遵从自己内心的感受，内心让我推，我就推；还有人则更猛，说自己实在无法对无辜的人下手，干脆牺牲自己，自己跳下去，去挽救其他人。

通常情况下，同样都是要牺牲掉一个人，人们的态度和反应却是相差甚远的。因为在第一个版本中，牺牲掉一个人是“不得已而为之”，也就是说，这个责任是可以推卸掉的，这会让当事人感到压力能减轻许多。

而第二个版本就不同了，虽然也是牺牲掉一个人，但这是当事人主动选择的结果，主动选择意味着要承担责任，都压在了当事人身上。

如果是正常人，这时候都会极其挣扎和痛苦，并且饱受压力与罪责的煎熬，为什么要伤害他人的生命，来达成某一目的呢？

就是这种“为难”的感觉，是我们每个人内心深处最宝贵的东西：良知。

一方面，良知是一种爱的能力，尤其是对于陌生人的博爱，表现为善意和共情，是每个正常人都天生拥有的；另一方面，良知也是义务的，是一种感到对其他人无法推脱的责任，比如父母天生对孩子的抚养义务，孩子对父母的赡养义务，甚至对宠物的关爱。

也就是说，人们之所以难以抉择，就是因为我们对陌生人有共情心理，在这种情感基础上，我们有不伤害他的义务。这种义务感就是良知，也是人类心灵中最闪亮的星星。

实验延伸：人类的道德良知是如何发展的

在 1972 年～1973 年，“女大学生公路杀手”成了美国加州地区所有人的噩梦。在这段时间，有连续 5 名大学生神秘失踪并且被残忍地奸杀，而且警方对此却一筹莫展，他们没能掌握关于凶手的丝毫线索。

就在警方与 FBI 调查一筹莫展之时，有名叫埃德蒙·坎伯的人却前往警察局自首。随后，困扰警方多时的连环杀人案就此告破。

但令人感到惊诧的是，这位叫埃德蒙·坎伯的人智商测试居然高达 145。他身高 2 米，先后杀过 11 人，其中包括他的祖父母和母亲，而且还奸杀了 6 名女学生。他杀人的手法都是先砍头，后辱尸，方式十分狠毒，简直是名副其实的“变态杀人狂”。

实际上，像埃德蒙·坎伯这样的变态杀人狂，他们的良知是缺失的，也是典型的反社会人格。那么，我们人类的良知，究竟是如何产生的呢？

著名的神经科学家帕特里夏·丘奇兰德认为，道德，尤其是我们内心当中那个需要我们听从的声音，其实是大脑进化的产物。

在动物心理与行为的研究中发现，动物，尤其是哺乳动物，就已经拥有了共情能力，它们也会哀悼，会为他者辩护，会在战败后安慰同伴，比如黑猩猩就会用手臂环绕自己的同伴来表达安慰。

实际上，我们所有最初的道德，来源于与母亲之间深刻的情感联结，这种情感联结起初是帮助孩子活下来的，在这个过程中，母亲对孩子尽心尽力照顾，让孩子获得了最初的共情能力。

研究发现，儿童的道德发展，其实遵循一个普遍规律，就是从利己行为到遵守原则的行为，这个过程可分为三个阶段：

一是道德成规前期。在孩子 7～10 岁时，孩子主要会顺从成年人的权威并遵守规范，这么做的原因只是因为他们对赏罚具有预期。

二是道德成规期。从 10 岁开始，孩子的行为受到他人意见的引导，有服从规范的意愿。在这个层级，服从权威本身成为一种价值，与即刻赏罚或更高的原则无关。对海因茨偷窃行为的“道德成规期”的推理是这样的：“他不应该偷药，偷东西是违法行为。”

三是道德成规后期。这个时期大概从青春期开始，并经历一个比较漫长的过程。孩子们会形成抽象的道德原则，并且按照这些原则来行事，以满足自己的良知，而非别人的认可。也就是说，如果能顺利过渡到这一时期，那么，孩子会遵循自己内心的声音和判断。在道德成规后，道德推理凌驾于具体的社会规范之上，与人们现已理解的社会规范之间，经常会发生冲突。就海因茨困境而言，处在“道德成规后期”的人经过道德推理，很可能坚持生命比金钱宝贵。

然而，据科尔伯格研究发现，其实我们大多数人，都从未完全达到“道德成规后期”的层次。也就是说，其实我们很多人，在他们的内心深处，还处于“孩子”的道德发展水平，要么就是害怕惩罚，要么就是服从权威，真正遵循自己内心道德准则的人，少之又少。

犯错误实验：适当暴露一些缺点，会更受欢迎

实验结果：过分“包装”自己，不如适当地暴露一些缺点。

实验过程：太过完美的人，不一定受欢迎

“犯错误效应”是交际场上一个常常用到的心理学效应之一，其主要是指一个能力强者与其花心思去完美地“包装”自己，不如适当地示弱或向人亮出缺点。这个效应源于美国社会心理学家艾略特·阿伦森的一个实验：

在一场竞争激烈的演讲会上，有四位选手，两位才能出众，几乎不相上下，另两位才能平庸，才能出众的一名选手在演讲即将结束时不小心打翻了一杯饮料，而才能平庸的选手中也有一名碰巧打翻了饮料。就这场演讲，阿伦森让台下的观众对四位选手进行评价，最终的统计结果表明：才能出众而犯过小错误的人更具有吸引力，才能出众但未犯过错误的排名第二，而才能平庸却犯错误的人最缺乏吸引力。

这个结论让人感到有些不可思议，但事实就是如此。对于此，心理学上认为，能力非凡的人，总给人一种不真实的感觉，人们对这样的形象不会真正地接纳和喜欢，而是会选择有距离地敬而远之或敬而仰之。

鲁迅先生曾说："凡是神圣的、神秘的事物都是值得怀疑的。"太过完美者，给人不接地气的感觉，只会让人敬而远之。

实验延伸：敢于亮出"缺点"的人，更受欢迎

阿伦森实验在交际学中有着极为广泛的应用，即要想获得他人的认可，与其使劲地展示自己的优点，不如勇敢地亮出一些无伤大雅的"缺点"。有些人可能都认为，要推销自己不就是尽全力把自己的优点亮给对方吗？只要你优点多多，别人怎么会不接纳你呢？

其实不然，你的优点多多，别人会觉得你过于自大，盲目自信，很容易会对你不屑一顾。就像在商场上卖东西一样，促销人员总把自己的产品说得天花乱坠，完美无瑕，最终会让消费者产生逆反心理：故意这么"吹"，无非是想让我买产品，我偏偏就不买！看你能把它吹到天上去么！最终的销售结果往往是不尽如人意。

同时，从自我价值保护的角度来讲，人们通常都极为喜欢有才能的人，才能与被喜欢的程度成正比。但是，凡事都有一个限度，如果一个人能力过强或者表现过于突出，强到足以使其他人感到自己卑微无能和价值受损，事情就会向反方向发展。人首先是进行自我价值保护的，任何一个人，无论如何不可能喜欢一个总是衬托出自己无能和低劣的对象。相反，一个犯小错误的能力出众者则降低了这种压力，缩小了对方的心理距离，保护了他人的自尊，因而也能赢得更多人的喜欢。比如大物理学家爱因斯坦，因为太过有才能，所以给人高高在上的感觉，因为人设太高，所以普通人只会觉得他高高在上，而不过多注意他。但是，爱因斯坦却做出了这样一个举动：他帮助邻居家的小姑娘做算术题，并且还津津有味地吃小姑娘给他的甜饼，这样的"瑕疵"就拉低了他与普通人的心理距离，从而使他变得更可爱，增加其吸引力。这件事如若发生在普通人或平庸人身上，可能就美感尽失，可就是发生在爱因斯坦的身上，会让人觉得他可爱的、接地气的一面。所以，在现实生活中，如

果你是一个能力超凡或在他人心中有着完美形象的人，那就不要再过分地“包装”自己了，而是要懂得“示弱”，适当地暴露一些“瑕疵”，以使自己成为更受欢迎的人。比如，你是一个高高在上的领导，如若在平时能适当地暴露自己的一些“小缺点”，会增加你的亲和力，使员工更愿意和你打交道；如果你是一个受人敬仰的学者，如若能适当地来点“搞怪”的行动或语言，反而会使人们因为你的接地气而更喜欢你。

同样，“推销自我”也是这样的一个过程。

在交际场上，绝大多数人都会先把自己的优点展示给别人，而到后来，其慢慢暴露出来的都是她的“缺点”，如此，她带给人的往往是失望和灰心，那么，以后大家对你的兴趣便自然会逐渐减退。

相反，如果你事先向别人展露的是你的缺点，比如，你会向对方说：

“我这个人很情绪化，脾气不太好，请您以后多多担待！”

“我这人有点懒惰，是个标准的‘起床困难户’”

“我这人有点完美主义，以后挑你的‘刺’时，你可别生气哦！”

……

当你这话说出口，一方面大家都会觉得你是个谦虚的人，另一方面，你先把缺点展露出来，大家在以后便很容易发现你身上的“优点”，也就是说，在以后与他人相处中，你带给别人的处处都是惊喜，那么，别人自然也会对你越来越感兴趣，你也自然会拥有和赢得良好的人缘。